朽ち木ってなんだろう？

朽ち木とは、木が枯れてシイタケやカワラタケなど、木材腐朽菌と呼ばれる菌類が繁殖した状態をいいます。簡単にいうと、キノコが発生していれば朽ち木です。

　森の中には、立ち枯れや倒木、切り株などとして、たくさんの朽ち木があります。

　それらが長い間、朽ち木の状態を保っているのは、木材がセルロース・ヘミセルロース・リグニンという3つの分解されにくい成分で構成されているからです。これらの成分を分解できるのが、木材腐朽菌です。朽ち木は、木材腐朽菌に食べられることでゆっくりと朽ち、やがて土にかえります。昆虫のなかにもシロアリのように、自身の唾液と腸内にバクテリアや原生生物を共生させることでセルロースを分解し、木材を消化するものもいますが、多くの昆虫にはそれができません。

　木材腐朽菌が、それら成分を分解するおかげで、枯れ木が朽ち木となり、昆虫が食べものとして利用できるのです。

生きている木も朽ち木？

　元気に花を咲かせているサクラでも、枝や幹からキノコが発生していることがあります。それは、枝や心材部などに菌類が繁殖し、その部分だけが「朽ち木」になっているからです。

　樹木の中心にある心材部は死んだ細胞です。根の傷口や枝折れ、動物の食害などで心材部が露出すると、そこから木材腐朽菌が侵入し、材を腐らせます。

　腐朽が進んだ心材部は、昆虫や他の小動物など様々な生きものに利用され、やがて幹に大きな洞（p.16）が開きます。その洞の内壁も立派な「朽ち木」です。

3つの腐朽タイプ

一般に朽ち木は、外見の色や状態によって3つに区別できます。腐朽タイプのちがいによって、それを利用する昆虫の種は微妙に異なります。

褐色腐朽（赤腐れ）

担子菌であるキカイガラタケやツガサルノコシカケなどの褐色腐朽菌は、リグニンをほとんど分解できないため、リグニンのもつ褐色が残留し、木材は赤っぽい色を残して朽ちます。針葉樹に多く発生し、乾燥すると収縮してブロック状にくずれます。

● 褐色腐朽材内のツヤハダクワガタ（*Ceruchus lignarius*）の新成虫
[埼玉県熊倉山, 1997.10.23]

白色腐朽（白腐れ）

白色腐朽菌には、カイガラタケやカワラタケなど多くの担子菌や、マメザヤタケなどの子嚢菌が知られています。広葉樹を腐朽させるものが多く、リグニンも分解するため、腐朽材の色は白っぽくなります。

● 白色腐朽材内のヨツスジハナカミキリ（*Leptura ochraceofasciata*）の前蛹
[茨城県常総市豊岡町, 2008.2.23]

軟腐朽（泥腐れ）

軟腐朽菌は、他の木材腐朽菌が分解しにくい水分を多く含んだ材に繁殖し、子嚢菌のケトミウムや不完全菌類などが知られています。木材の組織をすべて分解し、表面は泥状、材は灰色から黒っぽく朽ちます。

● ブナの軟腐朽材内のオニクワガタ（*Prismognathus angularis*）の幼虫
[静岡県富士宮市西臼塚, 2006.4.3]

朽ち木の多様性

個々の朽ち木にはそれぞれに個性があり、同じものはありません。
朽ち木の多様な環境が、様々な生き物を育んでいるのです。

菌種のちがい

シイタケもカワラタケも同じ白色腐朽菌で、様々な広葉樹に発生しますが、例えばオオクワガタ（Dorcus hopei）はカワラタケによって朽ちた白腐れを好みます。このように、白色腐朽材という同じ腐朽タイプに属す材でも菌種が異なると、それらを利用する昆虫の種もちがってきます。

●朽ち木に発生したカワラタケ。菌種のちがいにより、集まる昆虫も異なる [千葉県野田市三ッ堀, 2008.8.16]

腐朽段階のちがい

朽ち木は、木材腐朽菌が分解を始めた腐朽初期から後期まで、時間をかけて変化します。

腐朽初期

おもにタマムシ科やカミキリムシ科の昆虫によく利用されます。

腐朽中期～後期

腐朽が進行すると朽ち木は軟化し、多くの腐朽材食性昆虫に利用されます。その結果、複雑な坑道が迷路のようにでき、ゴキブリやアリなどの昆虫のほか、様々な生きものがすみつきます。

腐植

シイなど大木の洞内には、泥状の腐植質がたまっていますが、これは、朽ちた心材部がシロアリやミミズ、その他の生きものの働きにより、栄養豊富な状態に変化したものと考えられています。ヤエヤママルバネクワガタ（p.25）やハナムグリ類の幼虫が、腐植質を利用します。

●菌類が発生し、朽ちた木製のベンチ。菌類や木材部からは、たくさんの種類の幼虫が見つかった [東京都町田市大戸, 2008.4.4]

●スダジイの洞にたまった腐植質内のヤエヤママルバネクワガタの幼虫 [西表島古見, 2007.11.28]

状態のちがい

朽ち木は状態のちがいによって、異なる昆虫を育みます。

立ち枯れと倒木

右の図のように、立ち枯れは大木より小木、太い幹より細い枝、地上部より地下部（根）、倒木では幹の上面や枝より、地面との接地部や埋没部のほうが水分を多く含んでいます。水分含有量が異なる朽ち木は、異なる昆虫に利用され、とくに立ち枯れは、根から枝先にいたるまで様々な条件をそなえるため、繁殖する菌種が多様で、もっとも昆虫類が豊富といえます。

●朽ち木の水分含有量
立ち枯れや倒木は、部位によって含まれる水分量が異なり、各部を利用する昆虫の種もちがう

乾燥材と多湿材

カミキリムシ科やシバンムシ科の幼虫には、乾燥した細い枝を好む種が多くいます。一方、水辺付近にある湿った朽ち木は、カミキリモドキ科やナガハナノミ科の幼虫などによく利用されます。

場所のちがい

朽ち木は、尾根と谷にあるものや、林内と林縁にあるものでは条件は異なりますし、また、存在する地域・標高・気温・湿度・日当たりなど環境条件のちがいにより、同じ物はひとつとしてありません。

●沢沿いの湿った白色腐朽材内にいたコヒゲナガハナノミの一種の幼虫（*Ptilodactyla* sp.）ナガハナノミ科
［沖縄島佐手与那林道, 2007.2.9］

樹皮

樹皮の有無も重要です。朽ちた樹皮は多くの昆虫の食べものとなり、樹皮下は様々な昆虫に生活の場を提供します。アカハネムシ科やヒラタムシ科の昆虫は、樹皮のない朽ち木ではほとんど見つかりません。

●コケにおおわれた樹皮のない朽ち木。木質部からタイワンクチキゴキブリ（p.15）の幼虫が見つかった
［奄美大島金作原, 2008.2.5］

朽ち木を利用する昆虫たち

朽ち木には、朽ち木を食べるもの、それらをねらって集まる肉食性のもの、他の理由で朽ち木を利用するものなど、目的の異なる様々な昆虫が集まります。

腐朽材食性昆虫

朽ち木を食べる昆虫をまとめて「腐朽材食性昆虫」と呼びます。とくにハエ目・チョウ目・甲虫目に朽ち木を食べる種が多く知られています。様々な腐朽材を食べるものや、決まった腐朽タイプのみを食べる種もいます。また、朽ち木は菌糸が繁殖した状態のため、朽ち木内にひろがる菌糸を食べる種も少なくありません。オオクワガタの幼虫を、簡単に大きく育てるために開発された商品として「菌糸びん」があります。クワガタムシの幼虫は、朽ち木といっしょに菌類も栄養にしているのです。

捕食性昆虫

朽ち木内には、カッコウムシ科・ヒラタムシ科・コメツキムシ科など甲虫目の幼虫、ムシヒキアブ科・キアブ科などハエ目の幼虫など捕食性昆虫の他、ムカデ・ゲジ・クモ・ザトウムシ・サソリなどの捕食性小動物がくらしています。

捕食寄生性昆虫

ヒメバチ科やツチバチ科など、朽ち木内で育つ幼虫に卵を産みつける捕食寄生性昆虫が、朽ち木に集まってきます。

●朽ち木を利用する昆虫たち。朽ち木には目的の異なる様々な昆虫が集まってくる

●オオヒラタケの菌を用いた「菌糸びん」で大きく育ったオオクワガタの蛹。幼虫は栄養価の高い菌糸を食べることで大きく成長する

菌食性昆虫

朽ち木に菌糸が成長し子実体（キノコ）がでると、テントウダマシ科やハネカクシ科の甲虫目、ショウジョウバエ類やキノコバエ類といったハエ目の昆虫など、多くの菌食性昆虫が集まってきます。ナメクジやヤスデもキノコを食べます。シバンムシ科の甲虫は、キノコの中に穿孔し幼虫もキノコの中で育ちます。それらを食べるエンマムシ科などの捕食性昆虫がキノコにもぐり込みます。菌種が異なると集まる菌食性昆虫の種も変わります。大木の立ち枯れや風倒木には色々な菌類が繁殖しているので、それぞれの菌種を目当てに様々な昆虫が集まります。

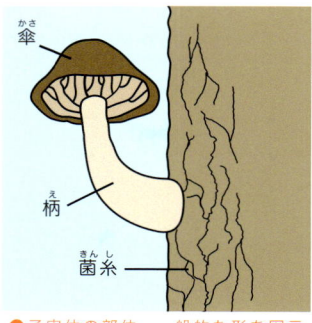

●子実体の部位。一般的な形を図示したが、傘や柄のないものも多い

 ## 変形菌食性昆虫 など

朽ち木には、変形菌をはじめ、カビ・コケ・地衣類・藻類・バクテリアなどの微生物も繁殖します。それらを食べる昆虫や小動物、その捕食者や寄生者が多数生息します。

●立ち枯れに発生したサルノコシカケ科の菌類の表面に、口から分泌する粘液で薄い膜を張りめぐらすキノコバエ科の幼虫〔徳島県神山町雲早山, 2008.7.20〕

 ## 不明・雑食性昆虫

朽ち木には、食性など生態の不明な種や、住居や隠れる場として朽ち木を利用する種もすんでいます。この中には、食性が直接朽ち木とは関連性のない雑食性のバッタ目やアリなども多く、また、越冬のときにだけ朽ち木を利用するものもいます。朽ち木の裏側や樹皮下、朽ちた枝にはカマキリ目のコカマキリ(p.82)やバッタ目のカネタタキ（*Ornebius kanetataki*）、トンボ目のオオルリボシヤンマ（*Aeschna nigroflava*）など、分類群の異なる多種多様な昆虫が卵を産みつけます。

●変形菌スミムラサキホコリの子実体。変形菌はバクテリアやカビを食べ胞子で繁殖する。胞子が発芽すると配偶子となり、さらに合体して変形体になる。変形体は細胞壁がないため自由に形を変えることができる。成熟すると子実体を作り胞子を形成する

用語解説

亜高山帯 植物の垂直分布帯で、山地帯と高山帯の間にある。本州では、ダケカンバを交えたトウヒ・オオシラビソ・ウラジロモミなどが優占する針葉樹林帯をあてることが多い。

亜社会性 階級をもたず、親が子の世話をするなど家族で生活をするもの。

羽化 幼虫や蛹が成虫になること。

越冬 冬を越すこと。幼虫で越冬する場合は幼虫越冬、成虫の場合は成虫越冬といい、また、越冬中の幼虫を越冬幼虫、蛹を越冬蛹などという。

寄主 寄生される側の生き物のこと。

菌糸 菌類(キノコ・カビ)の栄養体を構成する、細い糸状の細胞列のこと。

好蟻性昆虫 アリのコロニー環境に依存する昆虫。

好白蟻性昆虫 シロアリのコロニー環境に依存する昆虫。

コーリング姿勢 異性を呼ぶために、フェロモンなどを放出している際の静止した状態。

コロニー臭 同じコロニーのアリは同じにおいをもち、これをコロニー臭という。コロニー臭は、体の表面にある炭化水素類(ワックス)で、種によって組成が異なる。同じ種でもコロニーが違うと炭化水素類の組成比が異なるため、識別が可能だと考えられえている。

産卵管 メスの腹端にある管状の突起で、産卵の際に卵を土中や朽ち木内に埋め込むために用いる。

産卵孔 メスが産卵のために掘った孔のことで、この中に産卵する。

社会性昆虫 アリやシロアリのようにコロニーをつくり生活し、女王・王・兵アリ・働きアリが存在するなど、階級の分化がはっきりした昆虫。

上翅 前翅のこと。甲虫類では鞘翅ともいう。

常緑広葉樹林 シイ・カシ・ツバキなど、扁平で幅の広い葉をもち、1年中、常に葉を茂らしている樹木が優占する林のこと。また、これらの樹種はクチクラ層が発達し、葉が厚く光沢があるため、照葉樹(林)ともいう。

心材部 樹幹内側の褐色の部分。辺材部に対する言葉で、生きた細胞はない。

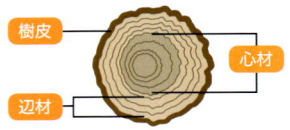

新成虫 羽化後間もない蛹室にとどまった状態の成虫や、発生初期の新鮮な成虫をいう。主に寿命の長い種に用いる。

針葉樹林 スギ・マツなど、針状の葉をもつ樹木(裸子植物)が優占する林のこと。日本に自生する樹種のうち、カラマツ以外はすべて常緑性。

衰弱木 病気や日照不足などで樹勢の衰えた状態の木。

伐採木 人間が切り倒した木のこと。本書では、枯れて間もない状態の木として使用している。

ひこばえ 樹勢の衰えた木や、切り株の根もとから伸びた新しい芽。

ふ化 卵から幼虫が生まれること。

捕食寄生性 寄主を最終的に殺してしまう寄生のこと。

ほだ木 シイタケの種菌を植えつけた原木のこと。クヌギ・シイ・コナラなどを用いる。

ミュラー型擬態 毒を持つ昆虫同士が互いに色や形を似せることにより、捕食者に対して警戒効果を高めること。

蛹化 幼虫が蛹になること。蛹化前の動かない状態を前蛹という。

落葉広葉樹林 クヌギ・コナラなど、扁平で幅の広い葉をもち、1年以内に葉を落として、一定期間休眠をする樹木が優占する林のこと。

卵鞘 分泌物で覆われた卵塊(多数の卵の塊)。

卵胎生 卵ではなく、メスの体内で孵化した幼虫を産むこと。

本書の使い方・凡例

「朽ち木のヒミツ。」では、朽ち木にまつわるおもしろい話や、野外観察で役立つ話をコラムとして取り上げました。

❶ 食性アイコン

食性は、腐朽材食性・捕食性・捕食寄生性・菌食性・変形菌食性・不明・雑食性の7つにカテゴリ（p.6-7参照）しました。なお、コクワガタなどは、成虫は樹液を吸い、幼虫は朽ち木を食べますが、このような場合は、朽ち木に関係する食性、つまり、幼虫の食性（腐朽材食性）のみを表記しました。また、ネスイムシ科やカクホソカタムシ科の種は朽ち木でよく見られますが、食性がわかっていないため不明としました。

❷ 分布域アイコン

分布の表記は国内に限定し、海外の分布は省略しました。伊豆は伊豆諸島、南西は南西諸島。また、伊豆諸島・対馬・南西諸島以外の多くの島々の分布も省略しました。南西諸島は、大隅諸島・トカラ列島・奄美諸島・沖縄諸島・宮古列島・八重山列島・尖閣諸島・大東諸島のどれかの島に、また、伊豆諸島も同様にどれかの島に分布することを示してあります。

❸ 生息地アイコン

 平野部
（都市部の公園や河川敷など）

 丘陵地
（海岸線や谷津の雑木林など）

 低山地
（関東ではブナ帯下部）

山地
（ブナ林やブナ林上部の針葉樹林）

❹ 写真と解説

成虫の生態写真を中心に、卵・幼虫・蛹、生息環境や菌類なども掲載しました。本文の【体長】は、成虫の体の長さ、【開張】は、チョウ目の翅を開いたときの幅を示し、mm単位で表記しました。【解説】は、おもに生態や生息環境を紹介しました。

⚠ 野外観察をする上での注意

観察や採集は節度をもって行い、以下のことに気をつけて楽しみましょう。

・私有地には勝手に立ち入らない。
・ゴミは必ず持ち帰る。
・焚き火などをしない。
・よその地域の生きものをもち込まない。
・マムシやスズメバチなど、危険な生きものに注意する。

バッタ目

バッタ目の昆虫にとって、朽ち木は越冬する重要な場所である。樹皮下や洞、倒木の下などはすみかとしても利用する。また、朽ち木に産卵する種も少なくない。

夜になると動き出す、大きなコオロギ

クチキコオロギ
Duolandrevus ivani
ENEOPTERIDAE（マツムシ科・クチキコオロギ亜科）

【体長】30.2～34.9mm
【解説】成虫は4月頃に現れる。夏から秋にかけて「リュー・リュー」と鳴く。成虫になるまで2年。朽ち木の樹皮下や生木の洞などの腐朽部、土の崖のすき間などにすむ。暖地性の種で、海岸付近の常緑広葉樹林に生息する。

●立ち枯れたスダジイの樹皮下で越冬するオス
[千葉県館山市畑, 2008.2.29]

オシャレなマダラ模様と、スラリとした後ろ脚がポイント

マダラカマドウマ
Diestrammena japanica
RHAPHIDOPHORIDAE（カマドウマ科・カマドウマ亜科）

【体長】24.4～33.3mm
【解説】朽ち木の裏側や大木の洞などに集団でくらす。平地の雑木林で見られるが、民家の床下にもすむ。成虫は7～11月に現れ、夜間、樹液によく集まる。雑食性で、昆虫やその死がい、腐った果実や落ち葉など、様々なものを食べる。朽ち木をすみかとする種が多い。

●夜間、コナラの洞から出てきたオス
[東京都八王子市高尾山, 2008.7.26]

カメムシ目

カメムシ目の食性はおもに、植食性・捕食性・菌食性に分かれる。ヒラタカメムシ科の多くは、朽ち木で見つかる。また、多くのカメムシにとって朽ち木は、越冬の場でもある。

カラダ全体がノコギリ状の、うすべったいカメムシ

ノコギリヒラタカメムシ
Aradus orientalis
ARADIDAE（ヒラタカメムシ科・ヒラタカメムシ亜科）

伊豆 四国 南西 九州 本州

【体長】6.5～9mm【解説】成虫・幼虫ともに、朽ち木に発生したカワラタケやカイガラタケなどに集まる。ヒラタカメムシ科は菌食性で、キノコの傘に針状の口器を刺して汁を吸う。また、木材腐朽菌の菌糸からも栄養を取ると考えられる。

●倒木上で交尾中のペア
［群馬県みどり市荻原, 2008.6.8］

① 朽ち木のヒミツ。

ヒラタカメムシを探してみよう!!

ヒラタカメムシはその名の通り、平たい体をした小型のカメムシです。朽ち木に発生したキノコのまわりや、樹皮下などを探すと簡単に見つかります。日本には80種ほど（未記載種を含む）が知られていますが、今後も新種が発見される可能性のあるグループです。

●左／イボヒラタカメムシ（*Usingerida verrucigera*）本州・四国・九州［山梨県身延町勝坂, 2008.4.15］　●中央／クロヒラタカメムシ（*Brachyrhynchus taiwanicus*）北海・本州・四国・九州［身延町勝坂, 2008.4.15］　●右／ヒメヒラタカメムシ（*Aneurus macrotylus*）北海・本州・四国・九州［埼玉県飯能市有間山, 2008.9.12］

シロアリ目

シロアリ目はすべての種が植食性で、朽ち木や腐植質、菌類などを食べる。社会性昆虫（p.8）で、多くの種は森林内の分解者として、生態系の重要な役割をになっている。

ひたいのトンガリからは、攻撃用の粘液が!!

タカサゴシロアリ
Nasutitermes takasagoensis
TERMITIDAE（シロアリ科・テングシロアリ亜科）

【体長】3.5〜4mm（兵アリ）【解説】木の幹などに、球形やぼうすい形の巣を作る。巣から泥でおおわれた道（泥線）がのび、餌場となる朽ち木までつながっている。この泥線を崩すと、中を通っていた兵アリや職アリが出てくる。兵アリの大あごは退化しているが、外敵に対し、頭部にある突起から粘液を吹きつける。シイ類など常緑広葉樹からなる天然林に生息する。

●左／立ち枯れの樹皮下にいた職アリ（下）と兵アリ（上）［西表島白浜林道, 2007.12.2］
●右／生木の幹に作られたぼうすい形の巣［西表島古見, 2007.12.3］

枯れ木をたいらげる、森の掃除屋さん

ヤマトシロアリ
Reticulitermes speratus
RHINOTERMITIDAE（ミゾガシラシロアリ科・ヤマトシロアリ亜科）

【体長】3.3〜7mm（兵アリ）【解説】やや湿った環境を好み、朽ち木内に坑道を掘って営巣する。4月下旬〜5月にかけて、昼間、大量の羽アリが現れる。本種が営巣する朽ち木からは、ヒラタハナムグリ（p.29）の幼虫が見つかる。寒冷地をのぞく日本中で見られ、都市部の公園にも生息する。

●朽ちたアカマツの樹皮下に作られたコロニー［山梨県身延町北川, 2007.4.27］

くいしん坊シロアリ、家で見たら要注意!!

イエシロアリ

Coptotermes formosanus
RHINOTERMITIDAE（ミゾガシラシロアリ科・イエシロアリ亜科）

シロアリ目

【体長】4.5〜6.5mm（兵アリ）
【解説】害虫として有名で、建物や土中などに巨大な巣を作り、コロニー内の本種の数は100万頭にもなるという。兵アリはとても攻撃的で、外敵に対し大あごで噛みつき、頭部にある穴（額腺）から外敵の嫌がる物質を出す（写真参照）。野外ではスダジイなどの老木や、立ち枯れの洞に営巣する。粘土状の巣の外壁からは、ハナムグリの仲間やネブトクワガタ（p.25）の幼虫が見つかる。また、廃巣からはルリゴキブリ（p.15）が見つかる。

●上／スダジイの洞に作られた巣［西表島白浜林道, 2005.10.28］●下／白い乳液を分泌しながら噛みついてくる兵アリ［沖縄島安波林道, 2007.2.10］

② 朽ち木のヒミツ。

シロアリの巣から見つかる昆虫

シロアリの巣や粘土状の巣材には窒素分が多く含まれ、栄養価が高いことがわかっています。そのため、シロアリの巣を崩すと、ネブトクワガタ（p.25）やハナムグリの仲間の幼虫など、朽ち木を食べる様々な昆虫が発見できます。上の写真のイエシロアリの巣からは、たくさんのマンマルコガネ（p.27）とヨナグニヒラタハナムグリが見つかりました。

●ヨナグニヒラタハナムグリ
(*Nipponovalgus yonaguniensis*)
［西表島白浜林道, 2005.10.29］

ゴキブリ目

ゴキブリ目は雑食性が強いが、朽ち木だけを食べる種も少なくない。また、多くの種が朽ち木をすみかとして利用する。家屋害虫として知られる種は、そのほとんどが外来種である。

台所にはすまない、森林愛好家
ヤマトゴキブリ
Periplaneta japonica
BLATTIDAE（ゴキブリ科・ゴキブリ亜科）

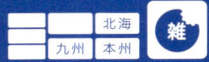

【体長】25〜30mm【解説】立ち枯れの樹皮下や生木の洞にすむ。成虫は5〜9月に現れ、夜間、樹液に集まる。雑食性で、果実や野菜などの植物や、昆虫の死がいなどを食べる。メスは樹皮下や洞に卵鞘（p.8）をはりつけ、ふ化した幼虫は2年目の初夏、成虫になる。最近は、中国からやってきたクロゴキブリ（*P. fuliginosa*）との競争に敗れ、家屋で見ることが少なくなった。平地の雑木林や川辺のヤナギ林でふつうに見られる。

●左／夜間、クヌギの樹液にきたメス［埼玉県さいたま市秋が瀬公園, 2008.8.13］
●右／クヌギの立ち枯れの樹皮下で羽化した成虫［茨城県古河市稲宮, 2007.5.14］

分厚いよろいをまとった、重装備ゴキさん
オオゴキブリ
Panesthia angustipennis
BLABERIDAE（オオゴキブリ科・オオゴキブリ亜科）

【体長】37〜41mm【解説】朽ち木に坑道を掘り腐朽材を食べる。卵胎生（p.8）で、メスは幼虫を産む。生まれた幼虫はすぐに活動をはじめ、自力で腐朽材を食べて成長する。雑木林にすむが、林が乾燥するといなくなる。アジアの亜熱帯から熱帯雨林にかけて広く分布する。

●左／立ち枯れたアカマツにいたメス［山梨県身延町三沢, 2004.5.21］ ●右／朽ちたスダジイの中にいた幼虫（八重山亜種の幼虫は胸部のオレンジ色の紋が美しい）［石垣島オモト岳, 2004.6.12］

ゴキブリだって、家族が大切
タイワンクチキゴキブリ
Salganea taiwanensis
BLABERIDAE（オオゴキブリ科・オオゴキブリ亜科）

【体長】21～35mm【解説】朽ちた倒木内で生活する亜社会性(p.8)のゴキブリ。成虫は、ペアで朽ち木に坑道を掘り、幼虫を産む（卵胎生）。生まれた幼虫は、親から口移しで餌をもらい育つ。成長した幼虫は、自力で朽ち木を食べるようになるが、成虫になるまで両親と一緒に坑道内でくらす。常緑広葉樹林に生息する。

●上／朽ち木内の親子［沖縄島名護市, 2007.2.12］
●下／1齢幼虫は乳白色で、体はやわらかく弱々しい［石垣島大嵩, 2004.6.11］

ゴキブリ目

③ 朽ち木のヒミツ。

南西諸島の珍しいゴキブリ

ゴキブリ目の多くの種は、深い森の中でひっそりとくらしているため、馴染みが少ないかも知れません。日本には約50種ものゴキブリがすんでいますが、なかでも朽ち木をすみかとする次の2種は、たいへん珍しいゴキブリです。ルリゴキブリ（ムカシゴキブリ科 POLYPHAGIDAE）は、日本でもっとも美しいゴキブリです。奄美大島・石垣島・西表島に分布し、幼虫はシロアリの廃巣がある、シイの老木の洞で見つかります。ホラアナゴキブリ（ホラアナゴキブリ科 NOCTICOLIDAE）は、沖縄島・喜界島・宮古島に分布し、沢沿いにある朽ち木に作られた坑道や、アリの巣内から見つかります。

●左／ルリゴキブリ
(Eucorydia yasumatsui)
［石垣島米原, 2004.6.12］
●右／ホラアナゴキブリ
(Nocticola uenoi)
［沖縄島名護市, 2007.2.11］

甲虫目

●ナガヒラタムシ科　CUPEDIDAE

ナガヒラタムシ科は甲虫目の中で原始的なグループと考えられ、化石は古生代ペルム紀の地層から発見されている。幼虫は褐色腐朽材を食べる。

なんと2億5000万年以上前から近縁種が存在する、原始甲虫

ナガヒラタムシ
Tenomerga mucida

【体長】9～17mm【解説】成虫は6～7月に現れ、昼間、朽木木の近くに生えた植物の葉の上で、静止していることが多い。夜行性で、夜間は朽木木の上を活発に動き、灯火にも飛来する。著者は聞いたことがないが、音を出すという。幼虫は褐色腐朽菌によって朽ちた、スギやサクラなどの立ち枯れや倒木内にすみ、腐朽材を食べる。人里の雑木林にも見られる。

●左／夕方、朽ちたスギの上を歩く成虫［茨城県板東市辺田, 2007.7.18］●右上／褐色腐朽したスギの角材から見つかった終齢幼虫。幼虫期間は最低でも2年［茨城県稲敷市上君山, 2007.10.2］●右下／蛹室内の蛹（体長12.8mm）［稲敷市上君山産飼育］

④ 朽ち木のヒミツ。

洞（うろ）は朽ち木の一種!?

大木の幹に大きな穴が開いているのを見たことがありますか？ この穴は洞や樹洞（じゅどう）と呼ばれています。洞は、コフキサルノコシカケなど木材腐朽菌の働きで、心材部が朽ちることによってできます（朽ちると昆虫などが食べ、やがて、ぽっかりと穴が開きます）。腐朽菌は死んだ細胞に繁殖するキノコですが、生きている木でも心材部の細胞は死んでいるので、根に傷ができたり、枝打ちや動物が樹皮を食べたことにより心材部が露出すると、腐朽菌が侵入してくるのです。つまり、生きている木でも、洞の内

●セスジムシ科 RHYSODIDAE

成虫・幼虫ともに、朽ちた立ち枯れや倒木で見つかる。幼虫は乳白色で動きがおそい。成虫・幼虫ともに変形菌を食べる。

数珠みたいな触角がチャームポイント
トビイロセスジムシ
Rhysodes comes

【体長】6.6〜8.5mm【解説】成虫はほぼ1年中、朽ち木内や樹皮下で見つかる。成虫・幼虫ともに、朽ち木に発生した変形菌を食べる。セスジムシ科の幼虫は成虫と同じく朽ち木内で見つかるが、巨大なツリガネタケのかたい傘の中で見つけたことがある。

●左／朽ちたアカマツの樹皮下にいた成虫［山梨県甲州市源次郎岳, 2007.10.7］●右／ブナの腐朽材内から見つかったセスジムシ（*Omoglymmius crassiusculus*）の終齢幼虫（体長6.8mm）［静岡県富士宮市西臼塚, 2006.4.3］

その名の通り、背中にある細いスジが特徴の背スジ虫
ホソセスジムシ
Yamatosa nipponensis

【体長】5〜7mm【解説】成虫はほぼ1年中、朽ち木内や樹皮下で見つかる。おもに白色腐朽したブナの立ち枯れや、倒木を好むようだ。6〜8月、朽ち木の上を歩く個体が見られる。成虫・幼虫ともに変形菌を食べる。山地のブナ林ではふつうに見られる。

●ブナの立ち枯れで越冬する成虫［静岡県富士宮市西臼塚, 2007.4.8］

部や内壁（朽ちた心材部）は朽ち木といえます。そんな洞には、オオチャイロハナムグリ（p.28）やヒゲブトハナカミキリ（*Pachypidonia bodemeyeri*）など、洞でしか見つからない種もすんでいます。また洞には、鳥やムササビなどの哺乳類がすむこともありますが、そのようなときは、洞に残った羽毛や体毛などを目当てに、カツオブシムシ科などの甲虫がくることもあります。

●トチノキの洞で見つかったヒゲブトハナカミキリ。幼虫は心材腐朽部を食べる［福島県南会津町中山峠, 2008.7.31］

甲虫目

●オサムシ科 CARABIDAE

オサムシ科の多くの種は肉食性だが、イネ科の種子を食べるものもいる。朽ち木からキノコが発生すると、好菌性の種が集まってくる。朽ち木の樹皮下で見つかるものもいる他、朽ち木を越冬の場として利用する種も多い。

甲虫目

きれいなアメ色をした、体長わずか2ミリのゴミムシ
カタボシホナシゴミムシ
Perigona acupaloides （ホナシゴミムシ亜科）

【体長】6～7mm【解説】成虫は、アカマツなどマツ類の立ち枯れに見られる。樹皮下で見つかることが多く、小さな昆虫などを捕食すると考えられている。本種を含むホナシゴミムシ亜科には、アリの巣内でくらすものがいる。

●リュウキュウマツの立ち枯れの樹皮下で見つかった成虫［鹿児島県奄美大島名音, 2008.2.2］

おしゃれなオレンジ色の模様のゴミムシ
キノコゴミムシ
Lioptera erotyloides

【体長】13～15mm【解説】成虫は7～8月、キノコの発生した立ち枯れや、倒木の上で見つかるほか、樹液にくることもある。上翅の模様は、一部のオオキノコムシ科に似ているが、これはミュラー型擬態(p.8)と考えられ、タイショウオビオオキノコ(p.47)と一緒に見つかることも多い。人里近くの雑木林にも生息する。

●上・下／シロハカワラタケが発生した倒木（上）と、そこで見つかった成虫（下）［山梨県身延町勝坂, 2007.7.25］

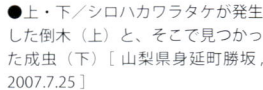

●エンマムシ科 HISTERIDAE

エンマムシ科は肉食性で、動物の死がい・糞・腐った果実などに集まり、そこで発生するハエの幼虫などを捕食する。樹皮下やキノコの中で、小さな昆虫を捕食するものや、アリの巣内にすむものもいる。

ツヤツヤなカラダを木の皮にすべり込ませて、中にいる虫をパクっ!!
オオヒラタエンマムシ
Hololepta amurensis（ エンマムシ亜科 ）

【体長】7.5～8.7mm【解説】成虫の体は極めて平たい。4～9月、朽ち木の樹皮下や木質部内で見つかるほか、樹液にも集まる。成虫・幼虫ともに、朽ち木のすき間にひそみ、昆虫の幼虫などを捕食する。雑木林でもふつうに見られる。

●倒木の樹皮のすき間から出てきた成虫
［埼玉県飯能市天覧山, 2008.4.12］

赤い体に黄色がまぶしい、ハデ好き昆虫
キノコアカマルエンマムシ
Notodoma fungorum（ エンマムシ亜科 ）

【体長】2.9～4.1mm【解説】成虫は6～8月、ミズナラなど広葉樹の朽ち木に発生したアイカワタケやカワウソタケなどに集まる。右の写真は餌を食べているところを撮影したもので、傘の表面の腐った部分を食べているように思えたが、何を食べているのかわからなかった。雑木林から山地のブナ林まで広く生息する。

●左・右／カワウソタケの上にいるペア（左）。何かを食べている成虫（右）
［群馬県桐生市ぐんま昆虫の森, 2008.6.7］

●ハネカクシ科 STAPHYLINIDAE

多くの種は肉食性で、昆虫を捕食するために、糞・樹液・腐った果実・菌類などに集まる。また、花粉や変形菌を食べるものや、アリやシロアリの巣にすむ好蟻性・好白蟻性の種も多い。

体にこっそりハネを隠しているから、ハネカクシ
クロモンキノコハネカクシ
Lordithon semirufus（シリボソハネカクシ亜科）

【体長】6.5～7mm【解説】成虫は6～9月、立ち枯れや倒木に発生したキノコに集まり、そこにすむキノコバエ科の幼虫などを捕食する。山地性の種で、ミズナラを中心とした落葉広葉樹林や、オオシラビソやコメツガが見られる亜高山帯の針葉樹林に生息する。

●左・右／ツガサルノコシカケの発生したコメツガの立ち枯れ（左）と、キノコバエ科の幼虫を捕食する成虫（右）[栃木県日光市菖蒲ケ浜, 2007.8.22]

とがったキュートなおしりが目印
アカバデオキノコムシ
Episcaphium semirufum（デオキノコムシ亜科）

【体長】4～5mm【解説】成虫は7～8月、朽ちた倒木に発生したホウロクタケ（サルノコシカケ科）などに集まり、それらを食べる。山地性の種で、ブナ林や亜高山帯の天然林でよく見られる。

●左／ホウロクタケにきた成虫 [栃木県日光市湯滝, 2005.8.3] ●右／朽ち木に発生したホウロクタケ [静岡県富士宮市西臼塚, 2007.7.24]

「デオ」とは、尾っぽが出ているという意味

ヤマトデオキノコムシ
Scaphidium japonicum (デオキノコムシ亜科)

	四国	北海
	九州	本州

【体長】6〜7mm【解説】成虫はほぼ1年中見られるが、春から秋にかけては、立ち枯れや朽ちた倒木などに発生したキノコに集まり、傘や胞子を食べる。動きは極めてすばやい。朽ち木の樹皮下などで越冬する。山地のブナ林に多いが、平地の雑木林でも見られる。

●ブナの樹皮下で越冬する成虫
[静岡県伊豆市万二郎岳登山口 , 2007.4.21]

平らな体は、せまい木のスキマにもぐるため

オオヒラタハネカクシ
Piestoneus lewisii (ヒラタハネカクシ亜科)

【体長】5〜9mm【解説】成虫はほぼ1年中見られ、朽ちた倒木の樹皮下に生息する。頭部は四角形で大きく、上翅に1対の茶色い紋がある。成虫・幼虫ともに、カビなどが発生した木質部を食べる。ブナ林に多い。

●ブナの倒木の樹皮下で越冬する成虫
[静岡県富士宮市西臼塚 , 2006.3.4]

カビた朽ち木が大好物の、「菌 愛食家」

クロツヤハネカクシ
Priochirus japonicus (ヒラタハネカクシ亜科)

【体長】10.5〜13.5mm【解説】成虫はほぼ1年中、水分の多い朽ちた倒木の樹皮下で見つかる。動きは極めておそい。成虫・幼虫ともに、カビなどが発生した木質部を食べる。

●モミの倒木の樹皮下で見つかった成虫
[東京都八王子市高尾山 , 2007.9.28]

甲虫目

●タマキノコムシ科 LEIODIDAE

タマキノコムシ科は小型の甲虫で、朽ちた倒木などに発生したキノコや変形菌に集まる。また、落ち葉の下でしか見つからない種もいる。海外には、アリやハチの巣から見つかる種もいる。

変形菌ばかりを食べる、偏食気質
オビスジタマキノコムシ
Anisotoma didymata（タマキノコムシ亜科）

【体長】2.1～3.5mm【解説】成虫は7～9月、朽ち木に発生したスミムラサキホコリやマメホコリなど変形菌に集まり、胞子などを食べる。人里近くの丘陵地にも生息するが、コメツガやオオシラビソからなる亜高山帯の針葉樹林に多い。

●スミムラサキホコリに集まる成虫
［栃木県日光市菖蒲ヶ浜, 2007.8.28］

●コケムシ科 SCYDMAENIDAE

アリに似た小型の甲虫で、動きがすばやい。日本で見られる種は大きくても体長3mmほどしかない。朽ち木や落ち葉の下にすむ。アリやシロアリと共生する種も知られている。

体長たった3ミリ。それでも脚はムキムキ
ヤエヤマコケムシ
Horaeomorphus sakishimanus

【体長】2.5～2.7mm【解説】成虫はほぼ1年中、朽ち木内や樹皮下で見つかる。他の昆虫が掘った坑道や、木質部にできたすき間にひそんでいることが多いが、くわしい生態はよくわかっていない。コケムシ科は、肉食性の強いハネカクシ科に近縁で、ダニを捕食する種が知られている。

●朽ち木内にいた成虫［西表島古見, 2007.11.28］

●クワガタムシ科 LUCANIDAE

クワガタムシ科の幼虫は、朽ち木や大木にできた樹洞内の腐植質、シロアリの巣の外壁などを食べる。成虫は樹液に集まる種が多いが、朽ち木内でくらすものもいる。

こう見えてもワタシ、クワガタムシです
マダラクワガタ
Aesalus asiaticus （マダラクワガタ亜科）

【体長】4〜7mm【解説】成虫は、夏に朽ち木の上で見られる。メスは、ブナ・アセビ・カツラなどの褐色腐朽材に産卵し、ふ化した幼虫は、褐色腐朽材のみを食べて成長する。同じ朽ち木からは、デバヒラタムシ（p.59）が一緒に見つかることが多い。関東地方の平地で飼育すると1年で成虫になるが、野外では2年かかると考えられる。山地のブナ林に多く生息する。

●左／オスの成虫［栃木県日光市菖蒲ヶ浜産飼育］ ●右上／褐色腐朽材内の終齢幼虫［日光市菖蒲ヶ浜，2005.7.19］ ●右下／羽化間近のオスの蛹［埼玉県秩父市大持山産飼育］

ブナ林にすむ、こだわりのあるクワガタムシ
コルリクワガタ
Platycerus acuticollis （ルリクワガタ亜科）

【体長】7.5〜12.6mm【解説】成虫は5〜6月、日がさすと活発に飛び、ブナやミズナラなどの新芽に集まる。メスは、土中に半分埋もれた水分の多い広葉樹の白色腐朽材や軟腐朽材に産卵し、その際、産卵孔のまわりを加工する。初夏にふ化した幼虫は、翌年の秋に蛹化・羽化し、翌春、材外に脱出する。本種には4亜種が知られているが、交尾器内袋の形状比較などにより4種8亜種に分ける研究者もいる。

●ミズナラの新芽にきたオス［静岡県富士宮市西臼塚，2006.5.24］

僕らがもっともよく見かける、「THE・クワガタムシ」

コクワガタ
Dorcus rectus （クワガタムシ亜科）

【体長】17〜54.4mm【解説】成虫は5〜10月に現れ、クヌギなどの樹液に集まる。メスは、各種の広葉樹やスギなど針葉樹、朽ちたモウソウチクなど、様々な朽ち木に産卵する。立ち枯れや細い倒木、落ちた枝など、乾燥した材を選び、産卵孔のまわりを加工（⑤朽ち木のヒミツ。参照）する。幼虫は褐色腐朽材から見つかることもあるが、白色腐朽材を好む。産卵時期が初夏から秋にかけて長期にわたるため、1年中、1〜3齢（終齢）の幼虫が見られる。

●左／ヤマトシロアリ（p.12）が営巣するイヌシデの白色腐朽材内にいた終齢幼虫［茨城県板東市馬立, 2008.3.4］ ●右上／ケヤキの白色腐朽材内で見つかったオスの蛹［茨城県稲敷市上君山, 2008.6.19］ ●右下／コナラの白色腐朽材内にいたオスの新成虫［茨城県常総市豊岡町, 2008.3.26］

⑤ 朽ち木のヒミツ。

産卵マークを探そう!!

クワガタムシ科のなかには、メスが産卵をする際に、大あごで朽ち木の表面をかじって加工する種がいます。その産卵痕を「産卵マーク」と呼びます。なぜこのような加工をするのかは、わかっていませんが、卵の保湿のためや、仲間に産卵した場所を知らせるためなどの理由が考えられています。産卵マークは、こうしたクワガタムシが生息しているかどうかを知るための、重要な手がかりになります。

●左／ブナの軟腐朽材についたコルリクワガタ（p.23）の産卵マーク ●右／シイタケのほだ木（コナラ）についたコクワガタの産卵マーク

あったかいトコ、大好きなクワガタムシ
ネブトクワガタ
Aegus laevicollis（クワガタムシ亜科）

【体長】11～36.3mm【解説】成虫は4～10月に現れ、クヌギ・モミ・タブ・アカメガシワなどの樹液に集まる。幼虫は、褐色腐朽菌によって朽ちたアカマツなど針葉樹や各種の広葉樹、スダジイの老木にできた洞の中や根ぎわにたまった腐植質、シロアリの廃巣や粘土状の外壁など、様々な場所で見つかる。とくにシロアリが営巣する朽ち木を好むようである。シイ・カシ類を中心とした海岸の照葉樹林や、マツ林に多い。

●左／スダジイの立ち枯れの、根ぎわにたまった腐植質にいたオス［西表島古見, 2007.12.3］●右／菌糸がまわった広葉樹の褐色腐朽材内で見つかった終齢幼虫［奄美大島金作原, 2008.2.5］

一部の南国でしか出会えない「幻虫」
ヤエヤママルバネクワガタ
Neolucanus saundersii（クワガタムシ亜科）

【体長】34.3～69.2mm【解説】成虫は9～10月に現れ、おもにスダジイの老木で見られる。幼虫は、スダジイの老木にできた、洞の中にたまった粘土状の腐植質を食べる。この腐植質は、枝の折れた部分や亀裂などから褐色腐朽菌が侵入し、それによって朽ちた心材部（死んだ細胞）をシロアリやミミズ、微生物などの動物が分解したもので、窒素分を多く含み栄養価の高いことがわかっている。幼虫期間は2年。夏に土マユを作り蛹化する。スダジイを中心とした照葉樹林に生息する。

●上／スダジイの老木とオス［石垣島野底林道, 2005.10.26］●下／スダジイの洞内にいた終齢幼虫［西表島古見, 2005.10.25］

クワガタムシなのに、樹液を見ても知らんぷり!?

ルイスツノヒョウタンクワガタ
Nigidius lewisi（チビクワガタ亜科）

【体長】12〜16mm【解説】成虫は1年中見られ、水分を多く含む朽ち木内でくらす。肉食性で、他の昆虫を捕食する。寿命が長く、飼育下では3年ほど生き、野外でも老齢個体がよく見つかる。幼虫は成虫と一緒に見つかることが多く、おもに広葉樹の白色腐朽材を食べる。照葉樹林に生息する。

●白色腐朽菌により朽ちた倒木で見つかった成虫と終齢幼虫［沖縄島名護林道, 2007.2.11］

● クロツヤムシ科　PASSALIDAE

クロツヤムシ科は、熱帯地域に生息する亜社会性（p.8）の甲虫で、成虫・幼虫ともに朽ち木を食べる。成虫がペアで朽ち木に坑道を掘り、そこで幼虫を育てる。

キケンを感じると「チーチー」鳴いて、いかくする

ツノクロツヤムシ
Cylindrocaulus patalis

【体長】14〜20mm【解説】成虫がペアで朽ち木に坑道を掘り、そのなかで朽ち木を食べてくらす。6〜8月の繁殖期にひとつの卵を産む。両親は、一度食べた朽ち木を吐き出して口移しで幼虫に餌としてあたえ、また、蛹室作りなどを手伝う。幼虫は単独では生きられず、親から離して飼育すると死んでしまう。成虫になったあとも、しばらくは両親とともにくらす。四国・九州の限られた地域のブナ林にだけ生息する。

●朽ち木の坑道内で見つかった両親と終齢幼虫［徳島県雲早山, 2008.7.20］

●マンマルコガネ科　CERATOCANTHIDAE

マンマルコガネ科の成虫・幼虫は、シロアリが営巣する木で見つかる。幼虫はシロアリの巣の粘土状の外壁を好んで食べる。

名前の通り、触るとマルっと…
マンマルコガネ
Madrasostes kazumai

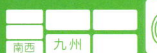

【体長】5～5.8mm【解説】成虫・幼虫ともにほぼ1年中見られ、シロアリが営巣するスダジイなどの大木の腐朽部、シロアリの巣の粘土状の外壁や廃巣内からも見つかる。シロアリの巣の外壁は栄養価が高く、幼虫は好んで食べる。暖地性の種で、シイ・カシ類を中心とした照葉樹林に生息する。

●左／イエシロアリ（p.13）の営巣する木にいた成虫［石垣島屋良部岳, 2005.2.9］ ●中央・右／イエシロアリの巣の外壁内から見つかった終齢幼虫（中央）と蛹（右）［西表島仲間川林道, 2005.10.31］

●コガネムシ科　SCARABAEIDAE

コガネムシ科の成虫は、葉・花・果実・樹液・死がい・糞などを食べ、幼虫は、根・腐植質・朽ち木・糞などを食べる。

マグソとは「馬のふん」!? でも、朽ち木のほうが大好きです
クロツツマグソコガネ
Saprosites japonicus (マグソコガネ亜科)

【体長】3.3～4.1mm【解説】成虫は、朽ちた倒木の樹皮下や材内に多いが、動物の糞や死がいからも見つかる。幼虫は枯れたココスヤシの葉柄の中（コルク状の細胞が褐色腐朽していた）から見つかっており、腐朽材を広く食べるものと思われる。海岸付近の林から低山に生息する。

●上／朽ちた広葉樹の樹皮下にいた成虫［西表島古見, 2007.12.3］ ●下／ココスヤシの葉柄を食べる終齢幼虫［三重県志摩市南張産野外個体］

甲虫目

見た目はマルハナバチにそっくり!? でも刺しません

ヒメトラハナムグリ
Lasiotrichius succinctus (トラハナムグリ亜科)

【体長】10.2～14.3mm【解説】成虫は6～7月、アカメガシワやノリウツギなどの花に集まる。メスは朽ち木にもぐり産卵し、ふ化した幼虫は朽ち木を食べ、初冬までに終齢に成長して越冬する。翌春、朽ち木内に蛹室を作り、蛹化・羽化する。海岸付近の照葉樹林から山地のブナ林まで広く生息する。

●左／オオバイボタの花にきた成虫［静岡県下田市田牛 , 2007.6.12］
●右上／ケヤキの白色腐朽材内で越冬する終齢幼虫［茨城県稲敷市上君山 , 2007.2.20］
●右下／蛹室内のオスの蛹（14.2mm）［稲敷市上君山産飼育］

体長3センチ強の、日本で一番大きなハナムグリ

オオチャイロハナムグリ
Osmoderma opicum (トラハナムグリ亜科)

【体長】26.3～36.1mm【解説】成虫は8～9月、ミズナラやブナなどの立ち枯れや老木の洞（p.16）で見つかる。オスはマリブというココナツ・リキュール（お酒）に似た甘い香りを放つため、原生林でこの香りがしたら、大木の洞を探すとオスが見つかる。幼虫は洞内の腐朽部や腐植質などを食べ、2年目の初夏に蛹化・羽化する。大木が多い山地の原生林に生息する。

●オオイタヤメイゲツの立ち枯れに開いた洞の入り口で、体を浮かせてコーリング姿勢（p.8）をとるオス［栃木県日光市湯滝 , 2008.8.12］

朽ち木は越冬のための高級ホテル!!

ヒラタハナムグリ
Nipponovalgus angusticollis (ヒラタハナムグリ亜科)

【体長】5.7 〜 7.3mm【解説】オスは 4 〜 7 月、ヤナギ類やウツギ類、ミズキなどの花に集まる。メスは花に集まることはなく、朽ちた立ち枯れや倒木で見つかる。メスは 5 〜 6 月、ヤマトシロアリ（p.12）が営巣する朽ち木に産卵する。ふ化した幼虫は成長がはやく、8 月下旬〜 9 月には蛹化する。羽化した新成虫は蛹室内にとどまるか、または蛹室から出たあと、朽ち木内や樹皮下にもぐり越冬する。幼虫は、シロアリが運んだ泥や糞の近くにいることが多く、湿度や栄養条件が良いと思われる。

●左／ウツギの花で吸蜜するオス［茨城県古河市稲宮, 2006.5.30］●中央／終齢幼虫［古河市稲宮産飼育］●右／ヤマトシロアリが営巣するコナラの白色腐朽材内から見つかった蛹［古河市稲宮, 2007.9.3］

甘い花の蜜にムチューです

アオハナムグリ
Cetonia roelofsi (ハナムグリ亜科)

【体長】15.6 〜 20.2mm【解説】成虫は 6 〜 10 月、様々な花を訪れる。メスは、朽ち木の樹皮下などにもぐり産卵し、ふ化した幼虫は朽ち木を食べて成長する。終齢幼虫で越冬し、翌春、朽ち木内や樹皮下に糞で土マユを作り、蛹化・羽化する。本種を含む多くのハナムグリ亜科の幼虫は、栄養条件や環境条件の違いによって幼虫期間が短くなるため、春にふ化した幼虫が秋までに成虫になり、越冬することもあると思われる。

●左／倒木（ブナ）の樹皮下で越冬する終齢幼虫［静岡県富士宮市西臼塚, 2006.3.4］●中央／土マユの中の蛹［富士宮市臼塚産飼育］●右／セイタカアワダチソウの花にきた成虫［茨城県稲敷市上君山, 2006.10］

ギラギラと太陽が照る８月が出番

クロカナブン
Rhomborhina polita（ハナムグリ亜科）

【体長】25.6 〜 32.6mm【解説】成虫は８〜９月に現れ、クヌギやヤナギ類などの樹液に集まる。幼虫はスギやサクラなどの大木にできた洞の腐朽部を食べる。乾燥した環境を好み、雨水が入るような湿った洞では見られない。スズメバチの仲間の古い巣が残る洞を好むようだ。飼育下において、幼虫期間は１年のものと２年のものがいる。

●上／樹液を吸うオスとメス［茨城県板東市矢作，2006.8.6］●左下・右下／サクラの洞（左下）と、洞内で見つかった若齢幼虫（右下）［板東市矢作，2006.11.5］

いわずと知れた、昆虫界永遠のアイドル

カブトムシ
Trypoxylus dichotomus（カブトムシ亜科）

【体長】27 〜 55.6mm（頭角を含まない）【解説】成虫は５〜９月に見られ、梅雨明けにもっとも多く現れる。クヌギやヤナギ類など広葉樹の樹液に集まる。幼虫は朽ちた倒木・広葉樹やスギの洞・堆肥の中などで見つかる。また、放置されたシイタケのほだ木の下で見つかることが多い。

●上／倒木の下にいた終齢幼虫［茨城県稲敷市上君山，2006.4.21］●左下／アカメヤナギの樹液を吸うメスとオス［茨城県板東市矢作，2008.8.11］●右下／土中で見つかったオスの蛹［稲敷市上君山，2006.7.7］

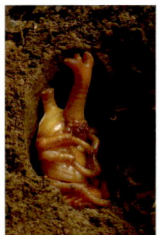

●ホソクシヒゲムシ科　CALLRHIPIDAE

ホソクシヒゲムシ科の幼虫は、すべての種が朽ち木内でくらし、腐朽材を食べる。成虫の食性はよくわかっていない。

胸が赤いから「ムネアカ」。ヒゲがクシみたいだから「クシヒゲ」

ムネアカクシヒゲムシ
Horatocera niponica

【体長】9〜17mm【解説】成虫は6〜7月に現れ、オスは朽ち木の上や生木の幹に止まっていることが多い。メスはオスよりもやや遅れて現れる。未交尾のメスを朽ち木の上に置いたところ、数頭のオスが集まった。幼虫は各種の広葉樹の朽ち木内にすみ、白色腐朽材を好んで食べる。幼虫期間は2年。初夏、朽ち木の樹皮下に蛹室を作り蛹化する。ブナ林に多く生息する。

●左／朽ち木に止まるオス。体色には黒化型や褐色型などの変異がある［徳島県雲早山, 2008.7.9］●右上／ブナの白色腐朽材内から見つかった幼虫（体長33mm）［静岡県富士宮市西臼塚, 2006.3.5］●右下／蛹室内の蛹（体長22mm）［富士宮市西臼塚産飼育］

オスの立派なヒゲはメスレーダー

オキナワホソクシヒゲムシ
Callirhipis kurosawai

【体長】14〜22mm【解説】成虫は夏から秋に現れる。夜行性で、夜間、朽ち木などで見られるほか、灯火に飛来する。幼虫はやや湿った環境にある倒木や立ち枯れ、また、沢沿いでは増水時にたまった朽ちた枝や倒木などからも見つかる。褐色腐朽材と白色腐朽材のどちらも食べる。幼虫期間は2年。沖縄島の照葉樹林に生息する。

●左・中央／触角が枝分かれしたオス（左）と黒くてつやのあるメス（中央）［沖縄島佐手与那林道産飼育］●右／腐朽材内の幼虫（体長26mm）。終齢幼虫は体長37mmになる［佐手与那林道, 2007.2.9］

●タマムシ科　BUPRESTIDAE

タマムシ科の幼虫は植食性で、潜葉性の種や草花の茎を食べる種もいるが、樹木の枯れた部分や朽ち木を食べる種が多い。成虫は、産卵や越冬のために朽ち木を利用するものも多い。

キレイに輝く体に、みんなウットリ

タマムシ
Chrysochroa fulgidissima （ウバタマムシ亜科）

【体長】24 ～ 40mm【解説】成虫は 6 ～ 9 月に現れ、エノキの葉を食べる（飼育下ではケヤキやサクラも食べる）。メスはエノキ・ケヤキ・アカメガシワなど広葉樹の立ち枯れや伐採木、生木の朽ちた枝や心材部を訪れ、亀裂や他の昆虫が開けた脱出孔に産卵する。卵をまとめて産み、乳白色をしたワックス状の物質でコーティングする。幼虫は腐朽材を食べる。とくに白色腐朽材を好み、コクワガタ（p.24）の幼虫と一緒に見つかることが多い。幼虫期間は 2 ～ 4 年。雑木林や川辺の林でよく見られる。

●右上／エノキの立ち枯れから脱出する成虫［埼玉県さいたま市秋が瀬公園, 2008.7.20］●右下・左上／ケヤキの伐採木のすき間に産卵するメス（右下）と卵（左上）［茨城県板東市辺田, 2008.7.9］●左中央／ケヤキの白色腐朽材内で越冬する幼虫。必ず体を二つ折りにしている（体長 74mm）［茨城県稲敷市上君山, 2008.1.15］●左下／ケヤキの白色腐朽材内の蛹（体長 39mm）［稲敷市上君山, 2007.6.19］

枯れたような姿をした、タマムシ

ウバタマムシ

Chalcophora japonica（ウバタマムシ亜科）

伊豆 対馬 南西 四国 九州 本州

【体長】24〜40mm【解説】成虫は5〜8月に現れ、アカマツなどマツ類の枯れ枝や腐朽木に集まる。生きたスギの樹皮下などで越冬するものもいる。幼虫はマツ類の褐色腐朽材を食べ、腐朽初期のややかたい材を好む。こうした材には本種の天敵である、オオコクヌスト（p.38）の幼虫もすむ。平地の雑木林や海岸付近のマツ林でよく見られる。

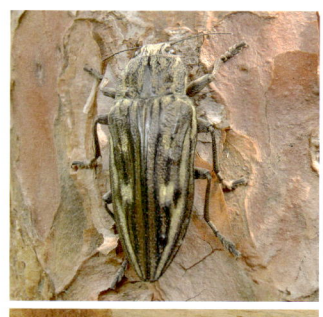

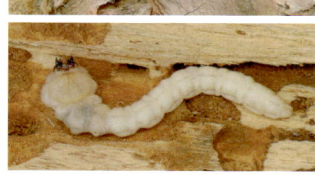

●上／アカマツの伐採木に止まる成虫［茨城県稲敷市上君山, 2008.6.10］●下／朽ちたアカマツを食べていた終齢幼虫（体長55mm）［茨城県板東市中里, 2006.1.12］

黒光りするスマートなタマムシ

クロナガタマムシ

Agrilus cyaneoniger（ナガタマムシ亜科）

対馬 南西 四国 九州 北海 本州

【体長】11〜16mm【解説】成虫は5〜8月に現れ、ミズナラやクヌギなどのひこばえや衰弱木、伐採木などに集まる。メスは枯れた樹皮のすき間などに産卵する。ふ化した幼虫は腐朽初期の樹皮や樹皮下を食べて成長し、翌春、樹皮下や材内に蛹室を作り蛹化し、羽化・脱出する。

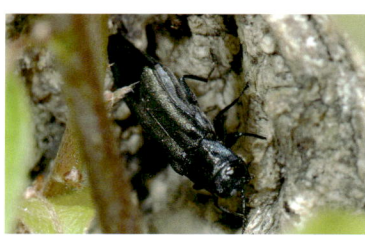

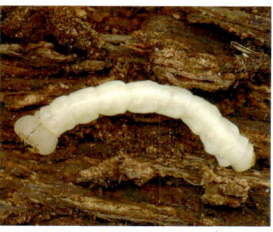

●左／クヌギの切り株の樹皮に産卵するメス［埼玉県長瀞町野上下郷, 2006.5.21］
●右／クヌギの切り株の樹皮下にいた終齢幼虫（体長25mm）。同じような腐朽初期の樹皮下からは、本種と一緒にルリゴミムシダマシ（p.56）やホソカミキリ（p.66）の幼虫が見つかることが多い［埼玉県所沢市堀ノ内, 2006.2.15］

●コメツキムシ科 ELATERRIDAE

成虫は、樹液・熟した果実・動物の死がいなどに集まる。幼虫の多くは捕食性で、土中や朽ち木内で他の昆虫の幼虫を食べる。越冬の場として朽ち木内や樹皮下を利用する種も多い。

ひっくり返すと飛び上がる、名ジャンパー
ウバタマコメツキ
Cryptalaus berus（サビキコリ亜科）

【体長】22〜30mm【解説】成虫は6〜7月に現れ、おもにアカマツの立ち枯れや伐採木に集まる。メスは樹皮のすき間や亀裂に産卵し、ふ化した幼虫はゾウムシ科・カミキリムシ科・タマムシ科など甲虫の幼虫を捕食する。幼虫は夏から秋に樹皮下で蛹室を作り蛹化する。羽化した新成虫は、そのまま蛹室内で越冬する。雑木林に多い。

●上／アカマツの伐採木にきたメス［茨城県稲敷市上君山，2006.7.3］●下／アカマツの倒木の樹皮下で見つかった幼虫（体長27mm）［山梨県身延町北川，2006.4.4］

チョコレート色をした、ツヤツヤのコメツキムシ
オオツヤハダコメツキ
Stenagostus umbratilis（ベニコメツキ亜科）

【体長】15〜23mm【解説】成虫は5〜8月に現れ、朽ち木や周辺の葉の上で見られる。また、灯火にも集まる。幼虫は朽ちた倒木の樹皮下で、カミキリムシ科やハナムグリの仲間の幼虫を捕食する。コメツキムシ科の幼虫期間と齢数は環境に左右され、生息条件が悪い場合はほとんど成長せずに脱皮をくり返す。平地から亜高山帯まで広く生息する。

●上／羽化した成虫［山梨県鳴沢村富士林道産飼育］●下／オオシラビソの樹皮下で見つかった幼虫（体長26mm）［鳴沢村富士林道，2007.5.18］

クシのような形の触角が特徴的
オオクシヒゲコメツキ
Tetrigus lewisi（サビキコリ亜科）

【体長】22〜35mm【解説】成虫は6〜8月に現れ、樹液に集まる。メスは夜間、生木の腐朽した部分や立ち枯れ、伐採木のすき間や他の昆虫が開けた脱出孔などに産卵する。本種の幼虫はウバタマコメツキの幼虫に似ているが、腹部が乳白色なので区別がつく。針葉樹でも見つかるが広葉樹を好み、コクワガタ（p.24）など甲虫の幼虫を捕食する。

●左／夜間、スギの伐採木を歩く成虫［茨城県板東市辺田, 2007.7.18］
●右上／朽ちたコナラの倒木内にいた幼虫（体長28mm）［茨城県古河市稲宮, 2006.2.5］ ●右下／アカマツの腐朽材内から見つかった蛹［茨城県稲敷市上君山, 2008.6.27］

甲虫目

たった3センチ。でもコメツキムシのなかでは、デカいほうなんです
オオナガコメツキ
Orthostethus sieboldi（コメツキムシ亜科）

【体長】23〜30mm【解説】成虫は夜間、クヌギやコナラの樹液に集まる。幼虫の皮ふはかたく、終齢で50mm以上の大きさになる。動きはすばやく、危険を感じると跳ねるようにして逃げる。湿った環境にある朽ち木内や比較的大きな立ち枯れにすみ、カミキリムシ科やクワガタムシ科など、昆虫の幼虫や蛹を捕食する。

●上／昼間、アカマツの立ち枯れで交尾中のペア［茨城県古河市稲宮, 2007.7.19］ ●下／広葉樹の軟腐朽材内で見つかった終齢幼虫（体長50mm）［古河市稲宮, 2006.1.16］

●コメツキダマシ科　EUCNEMIDAE

コメツキダマシ科の成虫は、立ち枯れや倒木などで見つかる。
幼虫は、すべて朽ち木内で見られ、腐朽材を食べる。

胸板の厚い、マッチョなコメツキダマシ

カクムネコメツキダマシ
Melasis japonicus（ミゾナシコメツキダマシ亜科）

【体長】7.6 〜 8.5mm【解説】成虫・幼虫ともにコナラの立ち枯れで見つかる。幼虫は腐朽材を食べ、とくにニマイガワ（クロサイワイタケ科）などのキノコが発生した腐朽初期のかたい白色腐朽材を好む。本種を含むミゾナシコメツキダマシ亜科の幼虫の大あごには外側に歯があり、開くことによって木をけずる。越冬するときに、タマムシ科の幼虫と同じく、体を2つ折りにしている。

●上／オスの新成虫［山梨県身延町北川産飼育］●左下・右下／コナラの立ち枯れ内で越冬する終齢幼虫（左下）と頭部背面（右下）（体長 17.8mm）［身延町北川, 2007.4.27］

コメツキムシの曲芸、「宙返り」までマスターしているそっくりさん

オオチャイロコメツキダマシ
Fornax victor（コメツキダマシ亜科）

【体長】7.8 〜 14.4mm【解説】成虫は立ち枯れや倒木で見つかり、幼虫は広葉樹の白色腐朽材で見つかる。本種を含むコメツキダマシ亜科の幼虫の頭部前縁は平らで、のこぎりの歯のようなギザギザが7対ある。大あごは極めて小さく厚みがない。材を粉状にけずり取って食べる。脚がなく、動きは極めておそい。

●左上／新成虫［沖縄県名護市産飼育］●下・右上／白色腐朽材から見つかった終齢幼虫（下）（体長23mm）と頭部背面（右上）［名護市, 2007.2.11］

●ベニボタル科 LYCIDAE ●ホタル科 LAMPYRIDAE

ベニボタル科・ホタル科ともに、体内に外敵の嫌がる物質をたくわえて身を守る。ベニボタル科の幼虫には、変形菌を食べるものがいる。ホタル科の幼虫は、貝類・ミミズ・ムカデなどを食べる。

甲虫目

毒を持ってる、肩の赤いベニボタル

ネアカクロベニボタル
Cautires bourgeoisi(ベニボタル科・ベニボタル亜科)

【体長】6.9〜10.8mm【解説】成虫は初夏、林縁部の低い場所をゆっくりと飛んでいることが多い。幼虫は動きが極めておそく、アカマツの立ち枯れの樹皮下で見つかる。同じ科のカクムネベニボタル(*Lyponia quadricollis*)が変形菌を食べることから、本種も同じだと思われる。終齢幼虫は樹皮下で越冬し、翌春、蛹化・羽化する。

●上／アカマツの樹皮下で越冬する終齢幼虫(体長 9.3mm)[神奈川県相模原市藤野町名倉, 2008.1.11] ●左下／成虫[相模原市藤野町産飼育] ●右下／オスの蛹(体長 9.5mm)[相模原市藤野町産飼育]

毒を持ってる、胸がピンク色のホタル

オオオバボタル
Lucidina accensa(ホタル科・マドボタル亜科)

【体長】13〜15mm【解説】成虫は6〜7月に現れる。オスが森林内を飛ぶ姿をよく見かけるが、メスは葉の上に静止していることが多い。メスは朽ち木に生えたコケや、他の昆虫が空けた脱出孔などに産卵する。ふ化した幼虫はヒメミミズなどを食べて成長し、冬になると、すき間の多い腐朽後期の朽ち木の樹皮下や坑道内で越冬する。翌春、活動を再開した幼虫は初夏、材内で蛹化・羽化する。

●上／シイタケのほだ木に止まるオス[群馬県みどり市草木, 2008.7.2] ●下／ブナの倒木の樹皮下で越冬していた幼虫(体長 13.5mm)[静岡県富士宮市西臼塚, 2006.3.5]

37

●コクヌスト科 TROGOSSITIDAE

菌食性の種は成虫・幼虫ともに、朽ち木に発生したキノコで見られる。捕食性の成虫は朽ち木の上や樹皮下、幼虫は朽ち木の樹皮下や木質部にもぐり込み、他の昆虫を捕食する。

クワガタムシのそっくりさん
オオコクヌスト
Trogossita japonica(コクヌスト亜科)

【体長】12〜19mm【解説】成虫・幼虫ともに捕食性。成虫は夏、アカマツなどマツ類の生木や朽ち木の上で見られる。幼虫は1年中、朽ちたアカマツの立ち枯れや倒木内で見つかる。幼虫は樹皮下でカミキリムシ科やゾウムシ科などの幼虫を捕食する。

●上／アカマツの伐採木にきた成虫［茨城県稲敷市上君山, 2008.6.27］●下／朽ちたアカマツの樹皮下で見つかった幼虫(体長19mm)。終齢幼虫は体長30mmを超える［東京都東大和市蔵敷, 2006.1.11］

毎日、キノコばっかり食べてます
セダカコクヌスト
Thymalus parviceps(マルコクヌスト亜科)

【体長】4〜6.5mm【解説】成虫・幼虫ともにツリガネタケやツガサルノコシカケなどを食べる。越冬した成虫が4月下旬に現れ、キノコに産卵する。ふ化した幼虫はキノコの傘の中に坑道を掘り、内部を食べて成長し5月下旬に蛹化する。蛹化場所は土中やコケの下などと思われるが、野外では確認されていない。新成虫は7月頃から現れ、9月頃に数が多くなる。亜高山帯の針葉樹を主体とした自然林に多く生息する。

●左／ツガサルノコシカケを食べていた成虫［山梨県富士河口湖町大室山, 2008.7.7］●右／終齢幼虫(体長10mm)［富士河口湖町大室山, 2008.5.23］

●カッコウムシ科 CLERIDAE

カッコウムシ科の成虫には、捕食性の種や花粉を食べるものがいる。幼虫はほとんどの種が捕食性で、朽ち木の樹皮下や木質部、キノコの傘にもぐり込み、他の昆虫を捕食する。

> かわいい風ぼうのわりに、肉食性

モンサビカッコウムシ
Neoclerus ornatulus（サビカッコウムシ亜科）

【体長】3.7～4.8mm【解説】夏、成虫はツリガネタケやツガサルノコシカケなどのキノコの上で見つかる。幼虫は1年中見られ、キノコの傘にもぐり込み、ゴミムシダマシ科やツツキノコムシ科などの幼虫を捕食する。

●上／キクイゾウムシの一種を捕食する成虫［栃木県日光市菖蒲ケ浜, 2007.8.8］ ●下／ツリガネタケの傘の中にいた幼虫（体長8mm）。カッコウムシ科の幼虫は、コクヌスト科の幼虫によく似ている［山梨県甲州市長兵衛小屋, 2007.10.9］

●ツツシンクイ科 LYMEXYLONIDAE

成虫は、伐採木・朽ち木・立ち枯れ・衰弱木で見られる。幼虫は朽ち木に入り込み、腐朽材を食べる。

> 生まれると、木の中心に向かってまっしぐら!?

ツマグロツツシンクイ
Hylecoetus dermestoides

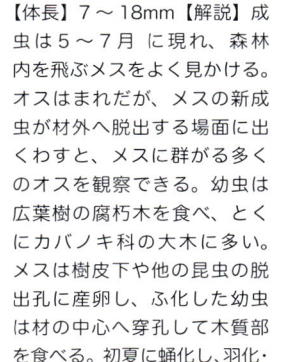

【体長】7～18mm【解説】成虫は5～7月に現れ、森林内を飛ぶメスをよく見かける。オスはまれだが、メスの新成虫が材外へ脱出する場面に出くわすと、メスに群がる多くのオスを観察できる。幼虫は広葉樹の腐朽木を食べ、とくにカバノキ科の大木に多い。メスは樹皮下や他の昆虫の脱出孔に産卵し、ふ化した幼虫は材の中心へ穿孔して木質部を食べる。初夏に蛹化し、羽化・脱出する。

●左／衰弱したシラカンバの腐朽部に産卵するメスとオス［長野県戸隠森林公園, 2003.6.5］
●右上／オスの小あごひげは枝分かれする［戸隠森林公園, 2003.6.5］ ●ダケカンバの倒木内の前蛹［静岡県富士宮市高鉢, 2005.5.9］

●ナガシンクイムシ科 BOSTRYCHIDAE

ナガシンクイムシ科は木材を食べる害虫として有名だが、野外では成虫・幼虫ともに乾燥気味の立ち枯れで見つかることが多い。腐朽材やキノコを食べる種も少なくない。

キノコも朽ち木も、モグモグ食べちゃいます
セマダラナガシンクイ
Lichenophanes carinipennis（オオナガシンクイ亜科）

【体長】8〜16mm【解説】成虫は6〜7月、エノキやエゴノキなどの立ち枯れで見られ、材の表面に発生したニマイガワなどのキノコを食べる。幼虫は朽ち木内にすみ、腐朽材を食べていると思われる。平地の雑木林に生息する。

●左・右／ニマイガワを食べる成虫（左）と頭部（右）［埼玉県さいたま市秋が瀬公園, 2007.7.16］

●シバンムシ科 ANOBIIDAE

おもに木材・腐朽材・キノコを食べる。サルノコシカケ科のキノコを保管しておくと、本科の様々な種が羽化してくる。

キノコによくついている、コロコロとした小さなムシ
キノコシバンムシの一種
Dorcatoma sp.（キノコシバンムシ亜科）

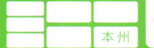

【体長】3.7〜4.8mm【解説】成虫は、朽ち木に発生したネンドタケに集まる。幼虫はキノコの傘の内部を食べて成長する。成虫・幼虫ともに、冬にキノコの傘の中から多く見つかるため、秋から冬にかけて成長すると思われる。平地の雑木林で見られる。

●左・右／ネンドタケで見つかったメス（左）と終齢幼虫（右）［埼玉県桶川市川田谷, 2008.1.9］

●ネスイムシ科 MONOTOMIDAE

ネスイムシ科は、細長い体をした小型の甲虫で、成虫は朽ち木・樹皮下・キノコ・キクイムシの孔道内・積みわら・穀類など、様々な場所で見られる。

未だに何を食べているのか不明な、謎の虫

ヤマトネスイ
Rhizophagus japonicus（ネスイムシ亜科）

【体長】6.3〜9.5mm【解説】成虫は朽ちた倒木内や樹皮下、キノコなどでほぼ1年中見られる。冬、樹皮下で集団で見つかることもある。冬でも暖かい日には、樹皮の上を歩く個体が観察される。ナガキクイムシ科の掘る坑道内からも見つかる。食性など、くわしい生態はよくわかっていない。落葉広葉樹林で見られる。

●腐朽したイヌブナの樹皮下で見つかった成虫。20頭ほどの集団だった［東京都八王子市高尾山, 2008.1.10］

●カクホソカタムシ科 CERYLONIDAE

カクホソカタムシ科は、朽ちた立ち枯れや倒木の樹皮下、落ち葉の下にすむ。本科のなかには穀類を食べる害虫もいる。

超小粒のアーモンドの様!? 体長約2ミリの甲虫

カクホソカタムシ
Cerylon sharpi（カクホソカタムシ亜科）

【体長】1.5〜2mm【解説】成虫は、朽ちた倒木の樹皮下で見つかることが多い。食性をはじめ、くわしい生態はよくわかっていない。平地から丘陵地の落葉広葉樹林に生息する。

●朽ちたアカマツの樹皮下で見つかった成虫［神奈川県相模原市藤野町名倉, 2008.1.11］

甲虫目

●ムキヒゲホソカタムシ科　BOTHRIDREIDAE

ムキヒゲホソカタムシ科の成虫は、朽ち木の樹皮下で見つかる。幼虫は捕食寄生性で、カミキリムシなどの幼虫を食べる。

「アカマツの救世主」と呼ばれています

サビマダラオオホソカタムシ
Dastarcus helophoroides

【体長】5.8～11mm【解説】成虫は、モミなど針葉樹の立ち枯れや樹皮下などで見つかる。メスは樹皮下に産卵し、ふ化した幼虫はカミキリムシ科の幼虫に毒を注入して麻酔をしたあと、体内を食べて成長する。マツノザイセンチュウ（マツ枯れ病の原因）を運ぶマツノマダラカミキリ（*Monochamus alternatus*）を駆除するため、天敵である本種を被害を受けたマツ林に放すことが研究されている。

●モミの樹皮下で越冬する成虫［東京都八王子市高尾山, 2003.1.14］

6 朽ち木のヒミツ。

立ち枯れはゴミではありません

僕が撮影のフィールドにしている自然公園には、エノキの立ち枯れ（立ったまま枯れた木）がたくさんありました。ところが2008年の春、ほとんどの立ち枯れが伐採・撤去されてしまいました。これによって、たくさんの生きものが生活する場所を失ってしまったのです。人間にとって心地の良い環境をもとめると、生きものの数は減っていきます。生きたエノキが何本あったところで、コクワガタ（p.24）やタマムシ（p.32）の幼虫は育ちません。近年、生物多様性への関心が高まっていますが、朽ち木も多様な生きものを育む貴重な存在です。安易に撤去するべきではないでしょう。朽ち木にくらす生きものたちにとって（そして僕たち人間にとっても）、立ち枯れはゴミではなく、むしろ宝物なのだから……。

●腐ってボロボロになった立ち枯れだが、上部は多くの生きものたちの越冬の場になり、地中の根部ではノコギリクワガタ（*Prosopocoilius inclinatus*）の幼虫が育つ

●ケシキスイ科 NITIDULIDAE

ケシキスイ科には様々な食性があり、花・樹液・キノコ・腐った動物質・昆虫の死がい・朽ち木を食べるほか、捕食性の種もいる。

スッポンタケというキノコにしか興味がない、一途なムシ

シリグロオオケシキスイ
Oxycnemus lewisi（ケシキスイ亜科）

【体長】6.3～9.5mm【解説】成虫は6～8月、森林内の朽ちた倒木から発生したスッポンタケ科のキノコに集まる。幼虫はスッポンタケを食べる。幼虫の成長はとても早く、傘と柄が腐るころには、土中にもぐり蛹化する。ブナ林や亜高山帯の針葉樹林に生息する。

●左・右／オシラビソの朽ち木に発生したヒメスッポンタケ（左）と成虫（右）。キノコの柄の内部で見つかることが多い［静岡県富士宮市高鉢，2007.7.24］

7 朽ち木のヒミツ。

ケシキスイを探してみよう!!

朽ち木を見つけたら、そこに発生しているキノコをじっくり観察してみよう。きっとケシキスイ科の昆虫が見つかるはずです。とても小さな甲虫ですが、きれいな色や模様をもつ種がたくさんいます。

●左／マルガタカクケシキスイ（*Pocadites japonus*）本州・四国・九州・伊豆・対馬・南西［埼玉県さいたま市秋が瀬公園，2007.7.16］●中央／モンクロアカマルケシキスイ（*Neopallodes hilleri*）北海・本州・四国・九州［山梨県北杜市須玉町，2007.8.24］●右／ヨツボシアカマルケシキスイ（*Cyllodes punctidorsum*）本州［山梨県富士河口湖町大室山，2008.6.18］

甲虫目

●ヒラタムシ科 CUCUJIDAE

ヒラタムシ科は、名前の通り平たい体をした甲虫で、成虫・幼虫ともに、朽ちた倒木などの樹皮下にすむ種が多い。多くは捕食性で、他の昆虫の幼虫を食べるが、穀物を食べる害虫もいる。

オスはもちろん、メスも長いヒゲをもっている
ヒゲナガヒメヒラタムシ
Dendrophagus longicornis（ヒラタムシ亜科）

【体長】6.5～7.5mm【解説】成虫はほぼ1年中、オオシラビソなど針葉樹の立ち枯れや倒木の樹皮下で見つかることが多い。幼虫は夏に蛹化・羽化し、新成虫は樹皮下で越冬するが、幼虫で越冬する場合も少なくない。捕食性と思われる。亜高山帯の針葉樹林に多く生息する。

●左／オオシラビソの倒木の樹皮下で見つかった終齢幼虫（体長11mm）［群馬県片品村菅沼，2007.5.18］●右／オオシラビソの立ち枯れで交尾中のペア［静岡県富士宮市高鉢，2007.7.24］

樹皮の影で獲物を狙う、通称「ぺったんこ虫」
ルリヒラタムシ
Cucujus mniszechi（ヒラタムシ亜科）

【体長】20～27mm【解説】成虫は5～8月、倒木の上で見つかるほか、林内を飛んでいることもある。幼虫は、樹皮下にすむ甲虫の幼虫や蛹などを捕食する。ブナ林や亜高山帯の針葉樹林に生息し、とくにブナやダケカンバの朽ち木の樹皮下で見つかる。

●上／ミズナラの倒木にいた成虫。横から見ると体が平たいのがよくわかる［栃木県日光市湯滝，2006.8.18］●下／シラカンバの樹皮下で見つかった終齢幼虫（体長35mm）［日光市菖蒲ケ浜，2006.4.17］

「ぺったんこ虫」の赤バージョン

ベニヒラタムシ
Cucujus coccinatus（ヒラタムシ亜科）

【体長】10〜15mm【解説】成虫は3〜10月、倒木や立ち枯れで見つかる。メスは樹皮下に産卵し、ふ化した幼虫は他の昆虫の幼虫や蛹などを捕食する。夏に蛹化し、羽化・脱出する。新成虫は生木や朽ち木の樹皮下で越冬する。低山地の雑木林から亜高山帯の針葉樹林に生息する。

●上／ケヤキの樹皮下で越冬する成虫［神奈川県相模湖町相模湖自然公園、2008.1.11］ ●下／ブナの樹皮下で見つかった幼虫（体長20mm）［静岡県富士宮市西臼塚, 2007.4.8］

甲虫目

「ぺったんこ虫」のツヤ消し赤バージョン

エゾベニヒラタムシ
Cucujus opacus（ヒラタムシ亜科）

【体長】10〜17mm【解説】成虫は4〜7月、倒木や立ち枯れで見つかる。同じ属のベニヒラタムシは、富士山では標高1,400mのブナ林で見られるが、本種はやや低い1,000m付近のアカマツ林に多い。この2種は生活スタイルが似ているため、標高ですみ分けをしているものと思われる。

●新成虫。飼育下では9〜10月に羽化することが多かった［山梨県鳴沢村大田和林道産飼育］

⑧ 朽ち木のヒミツ。

似ている2種の見分け方

ベニヒラタムシとエゾベニヒラタムシはよく似ていますが、成虫・幼虫ともに簡単に区別することがでます。

ベニヒラタムシ
- ほほがふくらむ
- 上翅に光沢がある
- 体は光沢のある飴色
- 尾の突起はV字型に開く

エゾベニヒラタムシ
- ほほのふくらみが小さい
- 体は光沢のある黄褐色
- 上翅に光沢がない
- 尾の突起はU字型に開く

45

●オオキノコムシ科 EROTYLIDAE

成虫の多くは、朽ち木に発生したキノコに集まり、傘を食べる。
幼虫もキノコを食べるが、腐朽材を食べるものもいる。

> 毎日がキノコパーティー。キノコばかり食べている虫

アカハバビロオオキノコ
Neotriplax lewisii（チビオオキノコムシ亜科）

【体長】4〜6.5mm【解説】成虫はほぼ1年中見られるが、とくに秋から春にかけてカワラタケなどサルノコシカケ科のキノコに多い。秋、メスはキノコに産卵する。ふ化した幼虫は冬もキノコの傘を食べて成長する。幼虫は、翌年の3月下旬頃から土中にもぐり蛹化・羽化する。都市部の公園にも多く、5月初旬に朽ち木のまわりで新成虫が見られる。

●左／アミスギタケを食べる新成虫［茨城県稲敷市上君山, 2007.5.15］ ●右上／カワラタケの上にいた終齢幼虫（体長7mm）［稲敷市上君山, 2007.2.20］ ●右下／土中の蛹（体長6.5mm）［稲敷市上君山産飼育］

---

⑨ 朽ち木のヒミツ。

ベニオビオオキノコ属の幼虫の見分け方

ベニオビオオキノコ属の成虫はよく似ていますが、幼虫は簡単に見分けることができます。幼虫は成虫と一緒に見つかることも多いので、幼虫の違いをおぼえておくと、成虫の同定に役立ちます。

ヒメオビオオキノコ
- 頭部の後方に1対の黒い紋がある
- 尾の突起が小さい

ミヤマオビオオキノコ
- 頭部の中央に黒い紋がひとつある
- 体の中央が黒い
- 尾の突起が大きい

タイショウオビオオキノコ
- 頭部の中央に黒い紋がひとつある
- 体の左右にある突起が長い

コウモリマークの、にくいヤツ（ふつう）
ヒメオビオオキノコ
Episcapha fortunei（オビオオキノコムシ亜科）

伊豆 ／ 四国 ／ ／
南西 九州 本州

【体長】11〜14mm【解説】成虫・幼虫ともに6〜9月、朽ち木に発生したキノコに集まる。都市近郊でも見られ、コフキサルノコシカケ（マンネンタケ科）やスエヒロタケ（スエヒロタケ科）、各種サルノコシカケ科のキノコを食べる。

●クヌギの立ち枯れに発生したキノコにきたペア
［埼玉県さいたま市秋が瀬公園, 2008.5.28］

コウモリマークの、すごいヤツ（ちょっとレア）
ミヤマオビオオキノコ
Episcapha gorhami（オビオオキノコムシ亜科）

／ ／ 四国 北海
／ ／ 九州 本州

【体長】11〜15.5mm【解説】成虫・幼虫ともに7〜10月、オオチリメンタケやミダレアミタケなどサルノコシカケ科のキノコに集まる。ベニオビオオキノコ属はすべて成虫で越冬し、朽ち木の樹皮下に集団で見つかることが多い。ブナ林などの山地の落葉広葉樹林に多く生息する。

●羽化した新成虫［栃木県日光市馬返産飼育］

コウモリマークの、もっとすごいヤツ（レア）
タイショウオビオオキノコ
Episcapha morawitzi（オビオオキノコムシ亜科）

対馬 ／ 四国 北海
南西 ／ 九州 本州

【体長】11〜14mm【解説】成虫・幼虫ともに6〜9月、シロハカワラタケなどサルノコシカケ科のキノコに集まり傘を食べる。晩夏から秋にかけて新成虫が見られる。幼虫は土中で蛹化・羽化する。丘陵地の雑木林で見られる。

●シロハカワラタケを食べる成虫
［山梨県身延町勝坂, 2007.7.25］

甲虫目

47

食欲の秋は、キノコづくしです!!

カタモンオオキノコ
Aulacochilus japonicus（オオキノコムシ亜科）

【体長】5～7.6mm【解説】成虫はほぼ1年中見られるが、とくに春と秋、サルノコシカケ科のキノコで見つかる。春に羽化した新成虫は、夏はあまり見かけず、9月にカワラタケなどに集まって交尾する。メスは朽ち木にできた亀裂やキノコの傘に産卵する。ふ化した幼虫は傘を食べて成長し、翌年の3月下旬頃から、傘の中で蛹化・羽化する。都市部の公園にも生息する。

●左／カワラタケで交尾中のペア［埼玉県さいたま市秋が瀬公園, 2007.9.14］
●右上／シハイタケの傘の中で見つかった終齢幼虫（体長10mm）［東京都目黒区, 2007.3.8］ ●右下／キノコの傘の中の蛹（体長9mm）［目黒区, 2007.3.25］

胸にきざまれたオレンジ色の網目模様がキレイ

オオキノコムシ
Encaustes praenobilis（オオキノコムシ亜科）

【体長】16～36mm【解説】成虫は6～9月に現れ、朽ち木に発生したツリガネタケ（サルノコシカケ科）に集まり、傘を食べる。幼虫は、ブナなどの大木の立ち枯れや倒木内に見られ、白色腐朽材を食べる。秋、朽ち木内に作られた蛹室の中で、羽化したばかりの新成虫が見つかるため、夏に蛹化するものと思われる。新成虫は、そのまま蛹室内にとどまり越冬する。

●左／ツリガネタケを食べにきた成虫［群馬県片品村武尊山, 2007.7.9］ ●右／ブナの白色腐朽材内の終齢幼虫（体長24.5mm）［山梨県甲州市塩山上日川峠, 2008.10.13］

●テントウムシダマシ科 ENDOMYCHIDAE

テントウムシダマシ科は成虫・幼虫ともに多くの種が菌食性で、朽ち木に発生したキノコ・枯れ木・枯れ草などで見つかる。

テントウムシのそっくりさん
ヒラノクロテントウダマシ
Endomychus hiranoi（テントウムシダマシ亜科）

本州

【体長】4.2～4.7mm【解説】成虫は8～10月、朽ちた倒木に発生したウスバタケ（ニクハリタケ科）などのキノコで見られるが、とくに秋に多く現れる。ブナ林や亜高山帯の針葉樹林に生息する。

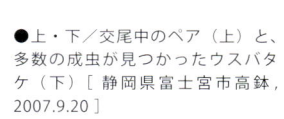

●上・下／交尾中のペア（上）と、多数の成虫が見つかったウスバタケ（下）［静岡県富士宮市高鉢, 2007.9.20］

●ツツキノコムシ科 CISIDAE

成虫・幼虫ともに朽ち木に発生したサルノコシカケ科などかたいキノコの傘に穴を開ける。似たものが多く同定がむずかしい。

キノコに包まれてソッとしていたいのです……
ツヤツツキノコムシ
Odontocis laminifrons

伊豆 四国 北海
南西 九州 本州

【体長】2～2.6mm【解説】成虫はほぼ1年中、カワラタケやクジラタケなどサルノコシカケ科のキノコの中で見つかる。新成虫は7～8月に現れ、冬になると古くなったキノコの傘の中で越冬する。翌春、新しいキノコに飛んで行き産卵する。ふ化した幼虫はキノコの傘を食べて成長し、その中で蛹化・羽化する。1年1化。雑木林に生息する。

●上・下／成虫（上）と朽ち木に発生したクジラタケ（下）［茨城県稲敷市上君山, 2007.3.8］

甲虫目

●キノコムシダマシ科 TETRATOMIDAE

成虫・幼虫ともに菌食性で、朽ちた倒木や立ち枯れに発生したサルノコシカケ科などのキノコで見つかる。

背中の黄色いワンポイントがトレードマーク

モンキナガクチキ
Penthe japana（モンキナガクチキ亜科）

【体長】10〜14mm【解説】成虫は6〜10月、朽ちた倒木や立ち枯れに発生したカワラタケなどサルノコシカケ科のキノコで見られる。新成虫が現れる秋は個体数が増え、キノコが発生した倒木の裏側など、暗い場所に集まっていることが多い。

●上・下／倒木（下）に発生したキノコにきた成虫（上）［静岡県伊豆市万二郎岳登山口, 2007.6.13］

●コキノコムシ科 MYCETOPHAGIDAE

コキノコムシ科は成虫・幼虫ともに菌食性で、朽ちた倒木や立ち枯れに発生したキノコで見られる。

小さな体に似合わずくいしん坊なキノコフリーク

コマダラコキノコムシ
Mycetophagus pustulosus

【体長】3.8〜4mm【解説】成虫は7〜10月、ツガノマンネンタケ（マンネンタケ科）やサルノコシカケ科などかたいキノコに集まることが多い。幼虫はやや乾燥した古いキノコの中で見られ、傘を食べて成長する。1か月ほどすると、傘の中に蛹室を作り蛹化・羽化する。

●左／ツガノマンネンタケの傘の中にいた成虫［栃木県日光市湯滝, 2007.9.18］
●右／ツガノマンネンタケ［日光市湯滝, 2007.7.28］

●ホソカタムシ科　COLYDIIDAE

成虫は朽ち木で見られ、キノコ・キクイムシの坑道内・樹皮下などにすむ。幼虫は捕食性と思われる。

ツヤがあって、長くて、平たくて、細くて、かたいから……

ツヤナガヒラタホソカタムシ
Penthelispa vilis

対馬 / 四国 / 北海 / 九州 / 本州

【体長】2.9〜4.3mm
【解説】成虫は3〜10月、朽ち木に発生したネンドタケなどに集まるほか、朽ち木の樹皮下や材内、シロアリの作る坑道内からも見つかる。平地の雑木林に生息するが、都市近郊でも見られる。

●ネンドタケの上の成虫
[茨城県古河市稲宮, 2007.9.26]

⑩ 朽ち木のヒミツ。

ホソカタムシを探してみよう！

朽ち木や、朽ち木に発生したキノコには、様々なホソカタムシがくらしています。ルーペでよく見ると、とてもユニークな形をした甲虫です。くわしい生態がよくわかっていない種が多いので、調べてみると、新しい発見があるかもしれません。

●ノコギリホソカタムシ（*Endophloeus serratus*）本州・四国・九州［静岡県伊豆市万二郎岳登山口, 2007.4.21］

●ツヤケシヒメホソカタムシ（*Microprius opacus*）本州・四国・九州［千葉県野田市宮崎, 2008.1.22］

●ルイスホソカタムシ（*Gempylodes lewisii*）本州・四国・九州・南西［屋久島西部林道, 2008.7.14］

甲虫目

●ゴミムシダマシ科 TENEBRIONIDAE

成虫・幼虫ともに、腐朽材・キノコ・植物の種子などを食べるものが多い。なかには貯蔵穀物の害虫もいる。クチキムシ亜科とハムシダマシ亜科の成虫には、花に集まるものがいる。

花を愛するロマンチック甲虫
アオハムシダマシ
Arthromacra viridissima（ハムシダマシ亜科）

【体長】7.8〜11.8mm【解説】成虫は5〜6月、クリやアカメガシワなどの花を訪れて花粉を食べる。幼虫は円筒形で皮ふはかたく、脚が発達していて動きがすばやい。湿った朽ち木にもぐり込み、様々な腐朽材を食べる。成熟した幼虫は、春、朽ち木内に蛹室を作り、蛹化・羽化する。雑木林から山地のブナ林まで広く生息する。

●左／カマツカの花粉を食べる成虫［埼玉県飯能市天覧山, 2007.5.4］ ●右上／褐色腐朽材から見つかった終齢幼虫（体長14mm）［東京都町田市大戸, 2007.3.11］ ●右下／蛹（体長10.5mm）［町田市大戸産飼育］

赤褐色の長い脚がトレードマークの、大きな朽ち木虫
オオクチキムシ
Allecula fuliginosa（クチキムシ亜科）

【体長】14〜16mm【解説】成虫は夜行性で、夜間、コフキサルノコシカケ（マンネンタケ科）やカワラタケ（サルノコシカケ科）などを食べる。朽ちたアカマツなどの樹皮下で集団で越冬する。幼虫は朽ち木を食べて成長する。雑木林でよく見られる。

●朽ち木の上にいた成虫
［群馬県みどり市萩原, 2008.6.8］

胸から2つの突起が出てるのがオス

クワガタゴミムシダマシ
Atasthalomorpha dentifrons（カブトゴミムシダマシ亜科）

	四国	北海
	九州	本州

【体長】8.2～11.2mm【解説】成虫は6～10月、ツガノマンネンタケ（マンネンタケ科）やツリガネタケ（サルノコシカケ科）などに集まる。本種を含むカブトゴミムシダマシ亜科の幼虫は、キノコの傘の内部を食べて成長し、傘の中に蛹室を作り蛹化・羽化する。ブナ林に多い。

●上／羽化したオス［栃木県日光市湯滝産飼育］●右中央／キノコの傘の中に作られた蛹室内のオスの蛹（体長11.8mm）［日光市湯滝産飼育］●右下／ツガノマンネンタケの傘の中にいた終齢幼虫（体長13mm）［日光市湯滝,2007.9.18］●左下／尻から肉質の突起を出し、そこから赤くて臭い液体を出す成虫［日光市湯滝,2007.8.22］

甲虫目

恐竜のようなツノがパワフル!!

コブスジツノゴミムシダマシ
Boletoxenus bellicosus（カブトゴミムシダマシ亜科）

対馬	四国	北海
南西	九州	本州

【体長】7～9mm【解説】成虫は5～9月に見られ、ブナなどの立ち枯れに発生したツリガネタケを食べる。オスの胸部には1対の角がある。幼虫は、ツリガネタケの傘の中を食べる。成熟した幼虫は、傘の中に蛹室を作り蛹化・羽化する。山地のブナ林に生息する。

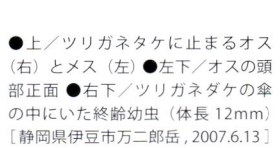

●上／ツリガネタケに止まるオス（右）とメス（左）●左下／オスの頭部正面 ●右下／ツリガネタケの傘の中にいた終齢幼虫（体長12mm）［静岡県伊豆市万二郎岳,2007.6.13］

53

甲虫目

一生涯、キノコの傘しか食べません
モンキゴミムシダマシ
Diaperis lewisi（キノコゴミムシダマシ亜科）

【体長】6〜7mm【解説】成虫は6〜9月、マスタケやチャカイガラタケなどサルノコシカケ科のキノコに集まるほか、夜間、灯火に飛来することもある。幼虫はキノコの傘を食べて成長し、傘の中に蛹室を作り蛹化・羽化する。幼虫期間は1か月ほど。平地の雑木林や河原のヤナギ林、山地のブナ林まで広く生息し、成虫で越冬する。

●上／キノコにきた成虫［宮崎県山之口町永田, 2007.6.28］●下／マスタケ内の終齢幼虫（体長12.5mm）［群馬県片品村花咲産飼育］

紫系のツヤ光りがにぶく輝く
フトナガニジゴミムシダマシ
Ceropria laticollis（キノコゴミムシダマシ亜科）

【体長】10〜13.5mm【解説】成虫・幼虫ともに6〜9月、朽ち木に発生したキノコに集まりそれらを食べる。幼虫は活発に動き、キノコを表面から食べる。成熟すると土中にもぐり込み、蛹化・羽化する。羽化直後の成虫はうす茶色だが、翌日には光沢のある虹色に変わる。秋に羽化した新成虫は、集団で朽ち木のすき間や樹皮下で越冬する。雑木林でふつうに見られる。本種が属すキノコゴミムシダマシ亜科の幼虫は、糸状につながった糞をするものが多い。

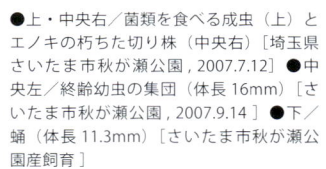

●上・中央右／菌類を食べる成虫（上）とエノキの朽ちた切り株（中央右）［埼玉県さいたま市秋が瀬公園, 2007.7.12］●中央左／終齢幼虫の集団（体長16mm）［さいたま市秋が瀬公園, 2007.9.14］●下／蛹（体長11.3mm）［さいたま市秋が瀬公園産飼育］

オスは、えぐれたような胸部が特徴
エグリゴミムシダマシ
Uloma marseuli（エグリゴミムシダマシ亜科）

伊豆/対馬/南西/四国/九州/北海/本州

【体長】7～9mm【解説】成虫・幼虫ともに1年中、朽ち木内で見つかる。成虫は夜行性で、夜間、材内から出ていることもある。幼虫は、様々な腐朽材を食べる。雑木林でふつうに見られるが似ている種が多いため、同定はむずかしい。

●左／褐色腐朽材で見つかった成虫［茨城県稲敷市上君山, 2007.9.11］ ●右／幼虫（体長18mm）［稲敷市上君山, 2006.3.7］

オスは頭に1本、胸に2本、ツノがはえている
ミツノゴミムシダマシ
Toxicum tricornutum（ゴミムシダマシ亜科）

対馬/南西/四国/九州/本州

【体長】14.8～17mm【解説】成虫・幼虫ともに、朽ち木に発生したサルノコシカケ科のキノコを食べる。幼虫はキノコの傘に坑道を掘り中でくらすが、食事の際は坑道の入り口（入り口は傘の裏側に開いている）から外に出て、傘の裏側を食べる。成熟した幼虫は、腐朽材にもぐり込み蛹化する。成虫で越冬するものも多い。

●左／夜間、チウロコタケにきた成虫［東京都八王子市高尾山, 2008.9.10］ ●右上／オスの頭部［宮崎県串間市有用植物園, 2007.6.25］ ●右下／サルノコシカケ科のキノコの傘に掘った坑道内で見つかった終齢幼虫（体長16.5mm）［八王子市高尾山, 2007.9.28］

甲虫目

甲虫目

わずかに瑠璃色がかったゴミムシダマシ
ルリゴミムシダマシ
Encyalesthus violaceipennis (ゴミムシダマシ亜科)

【体長】14〜16 mm【解説】成虫は、サルノコシカケ科やウロコタケ科などのキノコに集まる。幼虫は腐朽初期のクヌギの樹皮下に多く、腐朽材を食べて成長する。ホソカミキリ（p.66）やクロナガタマムシ（p.33）の幼虫と一緒に見つかることが多い。冬、成虫や各齢の幼虫が見つかることから、越冬した成虫が春から秋にかけて産卵を続けていると思われる。

●上／クヌギの倒木の樹皮下にいた成虫［茨城県稲敷市上君山, 2007.3.8］ ●下／クヌギの樹皮下から見つかった終齢幼虫（体長 29mm）［埼玉県所沢市堀之内, 2006.2.15］

脚が弓のようにしなっているのがオス
ユミアシゴミムシダマシ
Promethis valgipes (ゴミムシダマシ亜科)

【体長】24〜26 mm【解説】成虫・幼虫ともに1年中、朽ちた倒木で見られる。成虫は昼も夜も活動しキノコを食べるが、夏は夜間に活動することが多い。幼虫は広葉樹の白色腐朽材を食べ、放置されたシイタケのほだ木からコクワガタ（p.24）の幼虫と一緒に見つかることが多い。幼虫は体長50mmほどに成長し、夏、朽ち木内で蛹化・羽化する。雑木林に多い。

●左／交尾中のペア［茨城県稲敷市上君山, 2007.7.3］ ●右上／ケヤキの白色腐朽材から見つかった幼虫（体長 47mm）［稲敷市上君山, 2007.2.20］ ●右下／蛹（体長 27mm）［稲敷市上君山産飼育］

木のまわりをグルグルまわるから、キマワリ

キマワリ
Plesiophthalmus nigrocyaneus（キマワリ亜科）

【体長】16〜20 mm 【解説】成虫は夏、倒木や立ち枯れで見られ、様々なキノコを食べる。幼虫の皮ふはかたく光沢があり、尾端はスプーン状にくぼんでいる。様々な腐朽材を食べ、動きは極めてすばやい。成熟した幼虫は関東地方で5月頃、朽ち木内に蛹室を作り蛹化・羽化する。蛹はよく動く。都市近郊の林から山地のブナ林まで広く生息する。

●左／朽ち木に止まる成虫［茨城県稲敷市上君山, 2007.7.3］ ●右上／ケヤキの白色腐朽材内で越冬する終齢幼虫（体長36mm）［稲敷市上君山, 2006.3.6］ ●右下／蛹（体長23mm）［稲敷市上君山産飼育］

甲虫目

木のまわりをグルグルしている、脚が長いほうはこちら

クロナガキマワリ
Strongylium niponicum（ナガキマワリ亜科）

【体長】14〜18 mm 【解説】成虫は朽ちた立ち枯れや倒木で見られる。幼虫は腐朽材に坑道を掘り食べる。尾端（腹部第9節）はかたく、内側に曲がったトゲをもつ。このトゲのある節を動かし、腹部第8節とのすき間で物をはさむことができる。これは、後ろからくる天敵（コメツキムシ科の幼虫など）から身を守るのに役立つと思われる。ブナ林に生息する。

●左／ダンコウバイの衰弱木に止まる成虫［徳島県那珂町剣山スーパー林道, 2008.7.19］ ●右／ブナの白色腐朽材内から見つかった終齢幼虫（体長30mm）［静岡県富士宮市西臼塚, 2006.3.5］

●アトコブゴミムシダマシ科 ZOPHERIDAE

アトコブゴミムシダマシ科の成虫は朽ち木で見られ、キノコを食べる種が多い。幼虫のくわしい生態はよくわかっていない。

人に触られると、緊張して動けなくなります

アトコブゴミムシダマシ
Phellopsis suberea

【体長】14～21mm【解説】成虫は6～8月に現れ、朽ち木に発生したホウロクタケやツガサルノコシカケなどサルノコシカケ科のキノコを食べる。動きはおそく、刺激をあたえると死んだふりをして動かなくなる。幼虫に関する情報がなく、著者は幼虫を見たことがない。山地のブナ林や亜高山帯の針葉樹林に多く生息する。

●上・下／ホウロクタケを食べる成虫（上）と、成虫がいた倒木（下）［栃木県日光市湯滝, 2005.8.5］

●カミキリモドキ科 OEDEMERIDAE

成虫は花に集まる種が多く、花の蜜や花粉を食べる。幼虫は腐朽材を食べ、水分の多い褐色腐朽材や軟腐朽材で見つかる。

体内に毒があるから、つぶさないように気をつけて

アオカミキリモドキ
Nacerdes waterhousei

【体長】11～15mm【解説】成虫は5～7月、クリやミズキなどの花を訪れるほか、夜間、灯火に飛んでくる。幼虫は、河原や沢沿いの水分を多く含んだ褐色腐朽材や、軟腐朽材を好んで食べる。平地の雑木林で見られる。成虫の体液にはカンタリジンという有毒物質が含まれていて、この体液に触れると皮ふ炎を起こすので注意が必要。

●上／クリの花にきた成虫［茨城県板東市中里, 2003.6.19］●左下／河原にあった流木の軟腐朽材から見つかった終齢幼虫（体長23.5mm）［茨城県古河市中田, 2006.2.5］●右下／蛹室内のメスの蛹（体長14.5mm）［古河市中田産飼育］

●ハナノミ科 MORDELLIDAE

成虫は、朽ち木や沢沿いの植物で見られ、キノコ・シダの胞子・花粉などを食べ、幼虫は腐朽材・キノコ・植物の茎などを食べる。

綾帯模様のスピードスター

アヤオビハナノミ
Glipa ohgushii

対馬／九州／本州

【体長】10.2 ～ 13.5 mm
【解説】成虫を観察していると、朽ち木の表面をなめているが、おそらく菌類、あるいは付着した胞子を食べていると思われる。よく飛び、動きはとてもすばやい。幼虫は腐朽材を食べる。本州では紀伊半島と東海地方に分布し、北限は山梨県身延町である。

●上・下／キノコが発生したエノキの切り株（下）と成虫（上）［山梨県身延町三沢, 2007.7.25］

●デバヒラタムシ科 PROSTOMIDAE

デバヒラタムシ科は細長く平たい体をした甲虫で、成虫のくわしい生態はよくわかっていない。幼虫は腐朽材を食べる。

赤っぽい朽ち木に1年中すんでます

デバヒラタムシ
Prostomis latoris

伊豆／四国／北海／南西／九州／本州

【体長】5.5 ～ 7.5 mm 【解説】成虫・幼虫ともに、ほぼ1年中、朽ち木内で見つかる。褐色腐朽材だけにすみ、マダラクワガタ（p.23）と一緒に見つかることが多い。乳白色をした平たい幼虫は、つねにまとまって見つかる。褐色腐朽材を食べる。冬、他の昆虫が朽ち木に開けた坑道などで集団越冬する。ブナ林に生息する。

●上・左下／褐色腐朽材内で越冬する成虫（上）と幼虫（左下）（体長 10mm）［静岡県富士宮市西臼塚, 2006.3.5］ ●右下／蛹室内の蛹［静岡県伊豆市万二郎岳産飼育］

甲虫目

●チビキカワムシ科 SALPINGIDAE

いくつかの亜科に分けられ、ハネカクシダマシ亜科の幼虫は捕食性、マルムネチビキカワムシ亜科の幼虫は腐朽材を食べる。

ダニを引き連れて行動しています

モンシロハネカクシダマシ
Inopeplus quadrinotatus（ハネカクシダマシ亜科）

【体長】2.8〜4.4 mm【解説】成虫・幼虫ともに捕食性で、朽ち木や伐採木の樹皮下にすむ。成虫は体が平たく、動きはおそい。幼虫の尾端にある1対の突起の内側にはトゲがある。雑木林など人の手の入った林に生息するが、自然林では見つかっていない。灯火に飛んできた観察例がある。

●上・下／伐採木の樹皮下で見つかった成虫（上）と幼虫（下）（体長7mm）。成虫は体にダニをつけていることが多い［茨城県稲敷市上君山, 2007.3.8］

つぶらな瞳がかわいい

オオアカチビキカワムシ
Istrisia rufobrunea（マルムネチビキカワムシ亜科）

【体長】4.9〜5.5mm【解説】成虫・幼虫ともに朽ち木内で見つかる。幼虫は乳白色で体が平たい。尾端に1対の突起があり、内側に針のような細いトゲがいくつもある。褐色腐朽材のみを食べる。山地のブナ林に生息するが、見つけるのはむずかしい。

●左・右下／羽化した成虫（左）と蛹室内の蛹（右下）［静岡県富士宮市西臼塚産飼育］●右上／褐色腐朽材内で見つかった幼虫（体長13mm）［富士宮市西臼塚, 2007.4.3］

●クビナガムシ科 STENOTRACHELIDAE

クビナガムシ科の成虫は、朽ち木や花の上で見つかる。幼虫は朽ち木を食べるものがいる。くわしい生態がわかっていない種もいる。

高い山にしかすまないクビナガムシ
ツメボソクビナガムシ
Stenocephaloon metallicum（ツメボソクビナガムシ亜科）

【体長】16〜22 mm【解説】成虫の生態はよくわかっていないが、朽ち木で見つかる。昼間、交尾中の本種を観察したことがある。幼虫は腐朽材を食べる。とくにダケカンバの白色腐朽材に見られ、若齢幼虫は辺材内、終齢幼虫は樹皮下に多い。早春、各齢の幼虫が見つかることから、幼虫期間は少なくとも2年と思われる。成熟した幼虫は初夏、樹皮下に蛹室を作り蛹化・羽化する。関東・中部地方の山地に生息し、亜高山帯の針葉樹林に多い。

●左・右上／オスの新成虫（左）とメスの蛹（右上）（体長19mm）［静岡県富士宮市高鉢産飼育］ ●右下／ダケカンバの倒木の樹皮下で見つかった終齢幼虫（体長25mm）［富士宮市高鉢, 2006.5.9］

●アリモドキ科 ANTHICIDAE

アリモドキ科は海岸・河原・荒地の石やゴミの下・草地・枯れ木・朽ち木など様々な場所でくらす。くわしい生態がわかっていない種が多い。幼虫の食性もよくわかっていない。

帯模様のアリ風甲虫
アカモンホソアリモドキ
Sapintus marseuli（アリモドキ亜科）

【体長】3.1〜4.0 mm【解説】成虫は5〜10月、朽ち木の上で見られる。キノコを食べるが、朽ち木の表面をなめるようなしぐさが多いことから、胞子なども食べていると思われる。動きは極めてすばやく、非常に速く歩く。幼虫はマツ類の切り株の樹皮下にすみ、ハエの仲間の幼虫を捕食するという。平地の林で見られる。

●カイガラタケの幼菌を食べる成虫［茨城県稲敷市上君山, 2007.5.15］

甲虫目

●アカハネムシ科 PYROCHROIDAE

アカハネムシ科の成虫は、朽ち木で見つかるほか、花を訪れて花粉を食べる種もいる。幼虫はすべての種が朽ち木を食べる。

ブナ林にすむオカモトさん
オカモトツヤアナハネムシ
Pedilus okamotoi（アナハネムシ亜科）

【体長】7.5～9.5mm【解説】成虫はブナの新緑のころ、森林内の草や低木の葉の上、倒木の裏側で見つかる。幼虫は腐朽材を食べる。アカハネムシ科の幼虫は、朽ち木の樹皮下にすむものが多いが、本種の幼虫は内部に入り込み、木質部を食べる。成熟した幼虫は朽ち木内で越冬し、翌春、蛹室を作り蛹化・羽化する。山地のブナ林に生息する。

●左・右上／羽化したオス（左）とメス（右上）。オスは、くし状の触角をもっており、上翅の後方が折れ曲がったように見える［静岡県富士宮市西臼塚産飼育］ ●右下／褐色腐朽材で見つかった蛹室内の前蛹（体長14.5mm）［富士宮市西臼塚, 2006.4.3］

春によく見るアカハネムシ
ムナビロアカハネムシ
Pseudopyrochroa laticollis（アカハネムシ亜科）

【体長】8～13mm【解説】成虫は3～5月、朽ち木の上で見られるほか、林縁を低く飛ぶ姿も見かける。幼虫は、いろいろな広葉樹の樹皮下で見られ、腐朽材を食べる。成熟した幼虫は、関東地方の平地で2月下旬頃、朽ち木内に蛹室を作り蛹化・羽化する。雑木林や河原のヤナギ林で見られる。

●上／朽ち木に止まるメス［茨城県稲敷市上君山, 2006.3.7］ ●左下／朽ちたコナラの樹皮下にいた終齢幼虫（体長20mm）［茨城県古河市稲宮, 2006.1.16］ ●右下／メスの蛹（体長12.5mm）［古河市稲宮産飼育］

夏にハツラツと活躍するアカハネムシ

アカハネムシ
Pseudopyrochroa vestiflua（アカハネムシ亜科）

| 対馬南西 | 四国九州 | 北海本州 |

【体長】11.5〜17mm【解説】成虫は5〜7月に現れ、朽ち木の周辺に多い。メスは朽ち木の樹皮にできたすき間や亀裂に産卵し、ふ化した幼虫は、樹皮下で腐朽材を食べる。成熟した幼虫は、春、樹皮下に円形の蛹室を作り蛹化・羽化する。丘陵地から山地のブナ林に生息する。

●葉に止まるメス［静岡県富士河口湖町富士が嶺, 2008.6.2］

甲虫目

天然林の暗い場所を好む、赤くないアカハネムシ

ツチイロビロウドムシ
Dendroides lesnei（アカハネムシ亜科）

本州

【体長】13〜17mm【解説】成虫は、亜高山帯の針葉樹林に点在するダケカンバの朽ち木の樹皮下で見られ、昼間でも暗い倒木の裏側や樹皮のすき間にひそむ。幼虫も朽ちたダケカンバで見られ、樹皮下を食べる。6月下旬〜7月上旬にかけて蛹化・羽化する。

●ダケカンバの樹皮下で見つかったメスの新成虫［静岡県富士宮市高鉢, 2006.7.6］

⑪ 朽ち木のヒミツ。

アカハネムシ科の幼虫の同定（どうてい）

アカハネムシ科の幼虫は、色や形がよく似ています。しかし尾端の突起の形などが種によってちがうので、同定（種の名前を調べる）する際に役に立ちます。

●アカハネムシの終齢幼虫（体長23.5mm）

オカモトツヤアナハネムシ　　ムナビロアカハネムシ　　ツチイロビロウドムシ

●ナガクチキムシ科 MELANDRYIDAE

ナガクチキムシ科は、成虫・幼虫ともに朽ち木で見られる。成虫はキノコを食べる種が多く、幼虫はキノコや腐朽材を食べる。

近所の雑木林にすむ、ナガクチキムシ
アヤモンヒメナガクチキ
Holostrophus orientalis（ヒメナガクチキムシ亜科）

【体長】4.5〜6.8mm 【解説】成虫は6〜10月、アカマツなどの倒木や立ち枯れに集まり、それらの表面に発生したキノコを食べる。幼虫の形や食性などはわかっていないが、菌類か腐朽材を食べると思われる。平地の雑木林で見られる。

●アカマツの立ち枯れに発生したオオシワタケ（ウロコタケ科）の幼菌を食べる成虫［茨城県古河市稲宮, 2007.7.18］

夏はちょっと苦手です
カバイロニセハナノミ
Orchesia ocularis（ニセハナノミ亜科）

【体長】4〜6.5mm 【解説】関東地方の平地では、ソメイヨシノの開花のあと（4月中旬頃）に新成虫が現れる。夏に見られなくなるが、9〜10月になると再び現れてキノコに集まり、傘にできたすき間などに産卵する。終齢幼虫は体長7〜9mmほどで、活発に動く。冬にはカワラタケで見られ、柄の中に入り込み内部を食べる。3月になると、成熟した幼虫は白色腐朽材内に蛹室を作り、蛹化・羽化する。

●左／カワラタケの幼菌の上にいた成虫［茨城県稲敷市上君山, 2007.10.2］ ●右上／カワラタケの上にいた終齢幼虫（体長7〜9mm）［稲敷市上君山, 2007.2.20］ ●右下／蛹（体長7.2mm）［稲敷市上君山産飼育］

朽ち木のまわりを、せわしなく動く
アオバナガクチキ
Melandrya gloriosa（ナガクチキムシ亜科）

【体長】6〜15mm【解説】成虫は4〜6月、カワラタケなどの白色腐朽菌が発生した朽ち木で見られる。メスは、朽ち木の表面にできた亀裂や樹皮のすき間に産卵する。ふ化した幼虫は、腐朽材を食べると思われる。平地や丘陵地の雑木林で見られる。

●左・右/産卵するメス（左）と朽ちたクヌギの切り株（右）。樹皮下からはクロナガタマムシ（p.33）やホソカミキリ（p.66）の幼虫が見つかった［埼玉県所沢市堀之内, 2007.5.3］

立ち枯れに空いたたくさんの穴は、オイラの仕業
ビロウドホソナガクチキ
Phloeotrya obscura（ナガクチキムシ亜科）

【体長】4.2〜10mm【解説】成虫は4〜7月、カワラタケやカイガラタケなどが発生した立ち枯れに集まる。幼虫は白色腐朽材に坑道を掘って、材を食べる。成熟した幼虫は3月、朽ち木内に蛹室を作り蛹化・羽化する。成虫は羽化後5日ほどで材から脱出する。メスは交尾後、朽ち木のすき間などに産卵する。コナラの立ち枯れの表面に見られる多数の円形の脱出孔は（p.66）、本種が開けた可能性が高い。平地の雑木林に多い。

●左/交尾中のペア［千葉県野田市宮崎, 2008.5.5］ ●右上/イヌシデの白色腐朽材内で見つかった終齢幼虫（体長12mm）［茨城県板東市馬立, 2007.3.4］ ●右下/蛹室内の蛹（体長10mm）［板東市馬立産飼育］

甲虫目

- ●ホソカミキリムシ科 DISTENIIDAE
- ●カミキリムシ科 CERAMBYCIDAE

ホソカミキリムシ科・カミキリムシ科はすべての種が植食性で、成虫・幼虫ともに生木や枯れ木のほか、朽ち木でも多くの種が見られる。成虫が朽ちた樹皮やキノコを食べる種もいる。

夏の暑い夜、活動するカミキリムシ

ホソカミキリ
Distenia gracilis（ホソカミキリムシ科）

【体長】19～30mm 【解説】成虫は夜行性で、6～9月の夜間、生木の幹や立ち枯れで見られる。幼虫は、腐朽材を食べる。ホソカミキリムシ科の幼虫は、カミキリムシ科の幼虫とくらべて体が細長い。雑木林では、朽ちたクヌギの樹皮下でルリゴミムシダマシ（p.56）と一緒に見つかることが多い。

●左／昼間、枯れ葉に止まるメス［岩手県胆沢町石淵ダム, 2003.9.24］ ●中央／朽ちたクヌギの樹皮下で見つかった終齢幼虫（体長36mm）［埼玉県所沢市堀之内, 2006.2.15］ ●右／蛹（体長28.2mm）［埼玉県飯能市天覧山産飼育］

⑫ 朽ち木のヒミツ。

脱出孔（だっしゅつこう）

朽ち木内で羽化した成虫は、中から穴を開けて外へ脱出します。この穴を「脱出孔」と呼びます。脱出孔の大きさや形は昆虫の種類によってちがうので、脱出孔を調べることで、種の見当をつけることができます。また脱出孔は、オオハキリバチ（*Megachile sculpturalis*）が営巣場所にしたり、カミキリムシ科が産卵場所にするなど、様々な昆虫が利用します。

●左／ビロウドホソナガクチキ（p.65） ●中央上／オオクシヒゲコメツキ（p.35） ●中央下／タマムシ（p.32） ●右／脱出孔に産卵するコバネカミキリのメス

夕方によく飛んでいるカミキリ

コバネカミキリ
Psephactus remiger (カミキリムシ科・ノコギリカミキリムシ亜科)

【体長】12〜30mm【解説】成虫は6〜8月に現れる。夜行性で、オスは夕方になると朽ち木のまわりを活発に飛びまわる。メスは朽ち木のすき間や、他の昆虫が開けた脱出孔などに卵をまとめて産みつけ、ふ化した幼虫は白色腐朽材を食べる。平地では放置されたシイタケのほだ木、山地ではブナの立ち枯れで多く見られる。

●左／夕方の活動前に朽ち木に止まるオス［徳島県那賀町剣山スーパー林道, 2008.7.20］ ●右上／ブナの白色腐朽材内の終齢幼虫（体長36mm）［山梨県大月市七保町, 2006.3.18］ ●右下／メスの蛹（体長21.5mm）［大月市七保町産飼育］

食べる樹木にこだわる、針葉樹グルメ

アカハナカミキリ
Aredolpona succedanea (カミキリムシ科・ハナカミキリ亜科)

【体長】12〜22mm【解説】成虫は6〜9月、リョウブやノリウツギなど様々な花に集まる。メスはアカマツなど針葉樹の立ち枯れや倒木に飛んできて、樹皮のすき間や他の昆虫が開けた脱出孔などに産卵する。ふ化した幼虫は腐朽材を食べて成長し、6月頃、材内に蛹室を作り蛹化・羽化する。平地の雑木林から山地まで広く生息する。

●左／アカマツの立ち枯れに産卵するメス［茨城県古河市稲宮, 2007.7.19］ ●右上／朽ちたアカマツの切り株の中にいた終齢幼虫（体長23.5mm）［長野県伊那市富県, 2008.3.12］ ●右下／蛹（21.2mm）［伊那市富県産飼育］

甲虫目

近くで見ないとわからない!? 樹木そっくりのカラダ

ナガゴマフカミキリ
Mesosa longipennis（カミキリムシ科・フトカミキリ亜科）

【体長】11〜22mm【解説】成虫は4〜9月に現れ、広葉樹の立ち枯れや伐採木に集まる。幼虫は腐朽初期の白色腐朽材の樹皮下に多く、樹皮と樹皮下を食べて成長する。雑木林でふつうに見られる。シイタケのほだ木の樹皮下や辺材部を食べる害虫である。

●左／ケヤキの伐採木にきたペア［茨城県板東市辺田, 2008.6.25］
●右上／エノキの白色腐朽材の樹皮下で越冬する幼虫（体長28mm）［茨城県稲敷市上君山, 2006.2.14］●右下／蛹室内の蛹（体長23mm）［稲敷市上君山産］

●ハムシ科 CHRYSOMELIDAE

ハムシ科は植物の葉を食べる種がほとんどだが、ツツハムシ亜科の幼虫は地上性で、アリの巣内や朽ち木でよく見つかる。越冬の場として朽ち木を利用する種も少なくない。

幼虫は自分のフンで作った家でくらします

バラルリツツハムシ
Cryptocephalus approximatus（ツツハムシ亜科）

【体長】3.5〜4.5mm【解説】成虫は4〜7月、バラやコナラなど広葉樹や草の葉を食べる。メスは産卵の際、自分の糞をぬりつけた卵を地面に落とす。幼虫は、自分の糞でタコつぼのような巣を作り、枯れ葉を食べて成長する。朽ち木でよく見つかるので、朽ち木を食べている可能性がある。終齢幼虫は越冬後の春、タコつぼのふたを糞で閉じ、朽ち木の裏側などで蛹化・羽化する。同じ属のヤツボシツツハムシ（*C. japanus*）の幼虫は、アリの巣の中から見つかっている。

●左／葉の上の成虫［群馬県みどり市草木, 2008.5.8］●右／朽ちた倒木の下で見つかった終齢幼虫（タコつぼの長さ7.5mm）［埼玉県桶川市川田谷, 2008.1.27］

●ミツギリゾウムシ科　BRENTIDAE

すべての種は植食性で、成虫はおもに朽ち木で見られる。幼虫は腐朽材を食べる。なかにはサツマイモの害虫もいる。

つややかなワインレッドのカラダが美しい
ウスモントゲミツギリゾウムシ
Caenorychodes planicollis（ミツギリゾウムシ亜科）

【体長】13.5～21.8mm【解説】成虫は6～7月に現れ、朽ちた立ち枯れや倒木の上で見られる。昼間、オス同士のケンカや交尾行動が観察されているため、昼行性と思われる。幼虫は腐朽材を食べる。

●左・右／多くの成虫が見つかったタブノキの立ち枯れ（左）とオス（右）[宮崎県三股町長田, 2007.6.29]

●ヒゲナガゾウムシ科　ANTHRIBIDAE

成虫は菌食性のものが多く、朽ちた立ち枯れや倒木によく集まる。幼虫は果実・種子・キノコ・腐朽材を食べる。

オスは自分の体と同じくらい長い触角がポイント
シロヒゲナガゾウムシ
Platystomus sellatus（ヒゲナガゾウムシ亜科）

【体長】7.5～11.5mm【解説】成虫は6～8月に現れる。ケヤキやクヌギなどいろいろな広葉樹の朽ち木や伐採木で見られ、そこに発生したカワラタケなどを食べる。昼間も見られるが、夕方から夜間に活動するものも多い。

●ケヤキの伐採木にきたオス。メスの触角は短い [茨城県稲敷市上君山, 2007.7.3]

甲虫目

マスクをしたような、色白の顔が特徴
カオジロヒゲナガゾウムシ
Sphinctotropis laxus（ヒゲナガゾウムシ亜科）

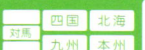

【体長】5.3〜8mm【解説】成虫は4〜9月、朽ち木・伐採木・立ち枯れなどに集まり、そこに発生したチャコブタケ（クロサイワイタケ科）などを食べる。動きは極めてすばやく、近づくと飛んで逃げるか落下する。冬、樹皮下や朽ち木内で越冬する。幼虫は腐朽材を食べる。都市近郊の自然公園から山地のブナ林まで広く生息する。

●左・右／ブナの立ち枯れの樹皮下で越冬する成虫（左）と頭部正面（右）［静岡県伊豆市万二朗岳登山口，2007.4.21］

キノコならなんでもペロリの、キノコフリーク
キノコヒゲナガゾウムシ
Euparius oculatus（ヒゲナガゾウムシ亜科）

【体長】5.5〜8mm【解説】成虫は5〜10月、朽ち木に集まりチャカイガラタケやアミヒラタケなどサルノコシカケ科のキノコを食べる。メスはそれらのキノコの傘に産卵し、ふ化した幼虫は傘の内部を食べて成長する。成熟した幼虫は、傘の中に蛹室を作り蛹化し、羽化後、まもなく脱出する。キノコの状態が悪い場合は、朽ち木に入り腐朽材を食べることもある。

●左／シュタケ（サルノコシカケ科）にきた成虫［埼玉県さいたま市秋が瀬公園，2007.10.11］●右上／カイガラタケ（サルノコシカケ科）の傘の中にいた終齢幼虫［さいたま市秋が瀬公園，2007.7.31］ ●右下／ホウネンタケ（サルノコシカケ科）の傘の中の蛹（体長7.8mm）［茨城県古河市稲宮産飼育］

●ゾウムシ科 CURCULIONIDAE

ゾウムシ科はすべての種が植食性。幼虫は植物の様々な部分を食べる。衰弱木や枯れ枝、朽ち木を食べる種も多い。

オスは暗くなると活動をはじめる、夜行派
ナカスジカレキゾウムシ
Acicnemis suturalis（カレキゾウムシ亜科）

【体長】3.5～4.0mm【解説】成虫は4～11月に現れ、朽ち木や枯れ木に集まる。とくに朽ちたフジづるに多い。幼虫は朽ち木を食べて成長し、材内に蛹室を作り蛹化・羽化する。平地の雑木林で見られる。本種が属すカレキゾウムシ亜科は、ほとんどの種の幼虫が朽ち木を食べる。

●左・右上・右下／朽ちたフジづるの中から見つかった成虫（左）・幼虫（右上）・蛹（右下）［福島県南会津町穴原, 2006.10.10］

手袋をしているような脚がポイント
オオクチカクシゾウムシ
Syrotelus septentrionalis（クチカクシゾウムシ亜科）

【体長】8.1～14.5mm【解説】成虫は5～8月に現れ、ブナ・ヤマハンノキ・ダケカンバなどいろいろな広葉樹の立ち枯れや倒木に集まる。幼虫は朽ち木を食べる。山地性の種で、ブナ林などの自然林に多く生息する。本種が属すクチカクシゾウムシ亜科の幼虫は、朽ち木や枯れ木を食べる種が多い。

●腐朽した広葉樹で交尾中のペア［栃木県日光市馬返, 2008.5.27］

甲虫目

甲虫目

枯れたマツが大好物です
マツノシラホシゾウムシ
Shirahoshizo insidiosus（クチカクシゾウムシ亜科）

【体長】4.6〜6.2mm【解説】成虫は4〜8月に現れ、アカマツなど針葉樹の伐採木や立ち枯れに集まる。幼虫は樹皮を食べて成長し、樹皮下に蛹室を作り蛹化・羽化する。初夏、朽ち木の樹皮下を探すと蛹が見つかる。

●左／アカマツの倒木の樹皮下にいた幼虫［茨城県稲敷市上君山, 2006.2.14］
●右上／羽化した成虫［稲敷市上君山産飼育］●右下／蛹室内の蛹（体長7mm）［稲敷市上君山, 2007.5.15］

朽ち木にすむ、のっぺり顔のノンビリ屋
マツオオキクイゾウムシ
Macrorhyncolus crassiusculus（キクイゾウムシ亜科）

【体長】3.2〜3.9mm【解説】成虫は1年中、アカマツなど針葉樹の立ち枯れの樹皮下で見つけることができる。幼虫はマツ類の腐朽材を食べて成長する。本種が属すキクイゾウムシ亜科の成虫は、すべての種が坑道を掘るのに適した円筒形の体をしており、朽ち木の樹皮下や木質部にもぐり込み穴を開ける。

●アカマツの立ち枯れの樹皮下にいた成虫
［神奈川県藤野町名倉, 2008.1.11］

ハエ目

ハエ目の多くの種は朽ち木を利用してくらす。ガガンボ科・ケバエ科の幼虫は腐朽材を食べ、ムシヒキアブ科・ハナアブ科・キアブ科・クサアブ科などの幼虫は、朽ち木内で他の昆虫を捕食する。ヤドリバエ科の幼虫はすべてが捕食寄生性で、朽ち木内にすむ幼虫に寄生するものが多い。キノコには、キノコバエ科・クロキノコバエ科・ショウジョウバエ科など多くの種が集まる。

ハチのような見た目だけど、刺さないからご安心を
ベッコウガガンボ
Dictenidia pictipennis
TIPULIDAE （ガガンボ科・ガガンボ亜科）

【体長】15～18mm【解説】黄色と黒の縞模様が美しいガガンボで、成虫は初夏に現れる。羽化するメスを求め、オスは朽ち木のまわりを飛んでいることが多い。メスは朽ちた広葉樹の倒木に産卵するが、とくに白色腐朽材や軟腐朽材を好む。幼虫は腐朽材を食べて玉状の糞をする。春、朽ち木内で蛹化し、材の表面に移動して羽化する。人里近くでもよく見られる。

●上／葉に止まるメスの成虫［東京都目黒区自然教育園, 2006.5.17］ ●左下／白色腐朽材内で見つかった幼虫（のびて体長16mmほど）［茨城県稲敷市上君山, 2008.1.15］ ●右下／木くずをつけた蛹。頭部側に1対の突起がある（体長15.5mm）［稲敷市上君山産飼育］

ハエ目

> 全身ブラックの、クールなケバエ

クロトゲナシケバエの一種
Plecia sp.
BIBIONIDAE (ケバエ科・トゲナシケバエ亜科)

【体長】6～7mm【解説】成虫は4～9月に見られるが、とくに4～6月に多い。本来、幼虫は土中に群れてくらすが、倒木内や朽木の下からも見つかり、腐朽材を食べる。成虫は羽化後すぐに交尾を行う。人里近くの雑木林で見られる。

●左／オスの新成虫［茨城県稲敷市上君山産飼育］●右／ケヤキの倒木内で見つかった終齢幼虫(体長11mm)［稲敷市上君山, 2008.2.16］

> 全身毛むくじゃらの虫ハンター

オオイシアブ
Laphria mitsukurii
ASILIDAE (ムシヒキアブ科・イシアブ亜科)

【体長】21～24mm【解説】成虫は4～6月、林縁や朽ち木周辺の日だまりで見られ、他の昆虫を捕食する。幼虫も捕食性で、腐朽材内にすむクワガタムシ科の幼虫などを食べる。成熟した幼虫は冬から春にかけて蛹化する。春から初夏、蛹が朽ち木の外に半分出た状態で羽化する。

●左／セマダラコガネ (*Exomala orientalis*) を捕食する成虫［茨城県稲敷市上君山, 2007.6.19］●右上／コナラの立ち枯れ内から見つかった終齢幼虫(体長25mm)［埼玉県さいたま市見沼区染谷, 2007.9.14］●右下／朽ち木内の蛹(体長20.1mm)［稲敷市上君山, 2008.1.15］

幼虫は、とがった頭で他の昆虫を襲うヒットマン

ホシキアブ
Xylophagus matsumurai
XYLOPHAGIDAE（キアブ科）

四国	北海
九州	本州

ハエ目

【体長】7.5〜17mm【解説】成虫は5月上旬〜7月に現れ、朽ち木のまわりで見られる。幼虫は脚がないうじむし型で腐朽材内にすむ。動きは極めておそいが捕食性で、ガガンボ科やクワガタムシ科の幼虫や蛹などに頭部を刺して体液を吸う。雑木林に生息し、放置されたシイタケのほだ木でも見られる。

●上／シイタケのほだ木で交尾中のペア（右がオス）[群馬県みどり市草木, 2008.5.7] ●下／軟腐朽材内の終齢幼虫[静岡県伊豆市万二朗岳, 1997.12.28]

⓭ 朽ち木のヒミツ。

ハエ目幼虫の口器（こうき）

ハエ目の幼虫は食性が様々で、科や食べものによって口器の形がちがいます。ガガンボ科やケバエ科は、大あごで朽ち木をかみくだいて食べます。ムシヒキアブ科は変わった形をした口器でえものにかみつきます。キアブ科やクシツノアブ科（RACHICERIDAE）は、とがった円すい形の頭部をえものに刺し、先端にある小さな口器で体液を吸います。

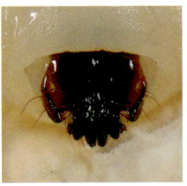

●オオイシアブ（*Laphria mitsukurii*）[ムシヒキアブ科]

●ベッコウガガンボ（*Dictenidia pictipennis*）[ガガンボ科]

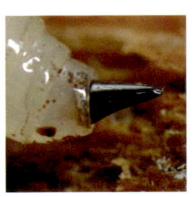

●クシツノアブの一種（*Rachicerus* sp.）[クシツノアブ科]

●クロトゲナシケバエの一種（*Plecia* sp.）[ケバエ科]

チョウ目

チョウ目の多くの種は、朽ち木や朽ち木に発生したキノコを利用する。マルハキバガ科やミノガ科の幼虫は、キノコや菌糸と一緒に腐朽材を食べる。ヒロズコガ科の幼虫には、アリの巣内にすむ種や、シイタケのほだ木など朽ち木を食べるものもいる。

クロモンベニマルハキバガ
個性的な模様がきざまれたオレンジ色のはねが美しい

Schiffermuelleria imogena
OECOPHORIDAE（マルハキバガ科・マルハキバガ亜科）

【開張】16〜20mm【解説】成虫は5〜6月、雑木林の下草などで見られる。幼虫はほぼ1年中見られ、朽ちた立ち枯れや倒木の樹皮下、キノコのすき間などに、糸を張りめぐらせて糞をのせた巣を作り、キノコと一緒に腐朽材を食べる。成熟した幼虫は、樹皮下や材内でマユを作り蛹化し、材の外に半身を外に半分出た状態で羽化する。

●左／イヌシデの立ち枯れに発生したキノコに作られた巣［千葉県野田市宮崎，2008.1.22］ ●右上／樹皮下の終齢幼虫［茨城県常総市大輪町，2008.1.17］ ●右中央／アカマツの樹皮内で見つかった羽化間近の蛹（体長8mm）。まわりの白い部分は餌になる菌糸［野田市宮崎，2008.5.5］ ●右下／羽化した成虫［野田市宮崎産飼育］

カクレクマノミに似た模様のマルハキバガ
シロスジカバマルハキバガ
Promalactis suzukiella
OECOPHORIDAE（マルハキバガ科・マルハキバガ亜科）

【開張】10〜13mm【解説】成虫は6〜8月に現れる。幼虫は1年中、朽ちたアカマツや広葉樹の樹皮下にすみ、菌糸や朽ち木を食べる。成熟した幼虫は樹皮下にマユを作り蛹化する。平地の雑木林でふつうに見られる。

●左／羽化した成虫［千葉県野田市宮崎産飼育］●右／アカマツの立ち枯れの樹皮下で見つかった幼虫（体長12.5mm）［野田市宮崎, 2008.5.5］

幼虫はピーナッツ型の家にくらす、変わり者
マダラマルハヒロズコガ
Gaphara conspersa
TINEIDAE（ヒロズコガ科・フサクチヒロズコガ科）

【開張】16〜26mm【解説】成虫は6〜8月に現れ、立ち枯れや生木の幹で見られる。幼虫は，朽ちた木をかみくだいた木くずで、平たいピーナッツ型のケースを作り、その中にひそむ。ケースの形から、「鼓蓑虫（つづみのむし）」や「ひょうたん島」と呼ばれる。朽ち木に営巣するアリの巣内や、アリの行列の近くにひそんでアリを捕食するものと思われる。飼育下ではアリのマユを好んで食べた。成熟した幼虫はケース内で蛹化・羽化する。都市部の公園でも見られる。

●上／ケースから顔を出した幼虫（体長13mm）［茨城県板東市矢作, 2008.3.26］●左下／ケース内の蛹（体長13mm）［板東市矢作, 2008.7.9］●右下／クヌギの幹に止まる成虫［茨城県古河市稲宮, 2008.8.11］

チョウ目

ヒモのような巣を作るミノムシ

キノコヒモミノガ

Diplodoma herminata
PSYCHIDAE（ミノガ科）

【開張】14～18.4mm【解説】成虫は7～8月に現れる。幼虫は朽ち木の表面や朽ち木に発生したキノコを食べる。幼虫の巣はひものように細長く、基部は朽ち木内にある。幼虫は朽ち木の外にのびた巣の先端から頭部を出してキノコを食べ、危険を感じると巣内を移動して朽ち木内へ逃げ込む。成熟すると巣内で蛹化し、蛹は巣から半分出た状態で羽化する。このグループには、名前がついていない種が多い。

●左／コナラの立ち枯れに発生したシロハカワラタケを食べる幼虫［山梨県身延町三沢，2008.3.22］
●右上・右下／巣から飛び出した蛹の抜け殻（右上）と羽化した成虫（右下）［身延町三沢産飼育］

14 朽ち木のヒミツ。

朽ち木を食べる蛾

チョウ目の昆虫の幼虫には、朽ち木や菌類を食べる種も多く、林の中に落ちている朽ちた小枝を保管しておくと、様々なガの仲間が羽化してきます。とくに多いのが、ヒロズコガ科に属する小型の種です。このグループのガは同定が難しく、種名がわからないものも少なくありません。また、朽ち木内という、目に見えない世界でくらしている彼らの生態は、ほとんどわかっていません。朽ち木を食べるガの仲間を観察すると、おもしろい発見があると思います。

●左／朽ちたフジづる内から見つかった幼虫（体長12mm）［埼玉県飯能市天覧山，2008.4.12］●右／成虫は触角をつねにふるわせている［飯能市天覧山産飼育］

ハチ目

ハチ目は、幼虫が枯れ木や腐朽材を食べるキバチ科、朽ち木内にすむ昆虫に卵を産みつけるヒメバチ科やツチバチ科、また、朽ち木に営巣するアリ科・クマバチ・ハキリバチ科など、多くのグループが朽ち木を利用する。とくに小型の寄生バチが多く、いろいろな種の幼虫が見られる。

他のアリの巣をさりげなく乗っ取る、豪腕女王アリの生態に注目

トゲアリ
Polyrhachis lamellidens
FORMICIDAE（アリ科・ヤマアリ亜科）

【体長】6〜8mm（職アリ）【解説】成虫は4〜10月に活動する。生態がユニークで、まず女王アリはムネアカオオアリ（*Camponotus obscuripes*）などの巣内に進入し、職アリのコロニー臭を身にまとい、その巣の住人になりすます。次にその巣の女王アリを殺し、自分の卵を産んで乗っ取った巣の働きアリに育てさせる。やがて自分の子が増えると、木の洞などに引っ越し大きなコロニーを作る。このように、巣作りの最初の段階で他のアリの力を利用する習性を一時社会寄生と呼ぶ。

●アカマツの立ち枯れ内のコロニー［山梨県身延町市之瀬, 2008.3.22］

---

⑮ 朽ち木のヒミツ。

アリの巣にいる昆虫

●アリの巣から見つかった、コヤマトヒゲブトアリヅカムシ［埼玉県飯能市天覧山, 2008.4.12］

アリの巣にすみついている昆虫のことを好蟻性昆虫（p.8）と呼びます。アリヅカコオロギ科やシジミチョウ科など、様々なグループの昆虫が知られていますが、ハネカクシ科の甲虫には好蟻性の種がたくさんいて、なかでもアリヅカムシ亜科の多くの種はアリの巣でくらしています。朽ち木に営巣するアリは多いので、様々な好蟻性昆虫が朽ち木内で見つかります。写真は立ち枯れに作られたクロクサアリ（*Lasius fuji*）の巣で見つかった、体長約2mmのコヤマトヒゲブトアリヅカムシ（*Diartiger fossulatus*）です。トビイロケアリ（*Lasius japonicus*）の巣からもよく見つかります。

ハチ目

> ハチだけど刺しません

クロヒラアシキバチ
Tremex apicalis
SIRICIDAE（キバチ科・ヒラアシキバチ亜科）

	四国	北海
	九州	本州

【体長】20〜30mm【解説】成虫は4月下旬〜5月、カワラタケやカイガラタケなど白色腐朽菌によって朽ちたエノキ・ケヤキ・ゴマキ・クヌギなどの立ち枯れに集まる。産卵を終えたメスは、産卵管を材につき刺したまま死亡する。幼虫は腐朽材を食べる。都市近郊の自然公園などでも見られる。

●左／エノキの立ち枯れに産卵しにきたメス［埼玉県さいたま市秋が瀬公園, 2008.5.15］
●右上・右下／エノキの立ち枯れ内で見つかった幼虫（上）と頭部正面（下）［さいたま市秋が瀬公園, 2008.2.28］

> アクロバティックな産卵シーンは圧巻!!

エゾオナガバチ
Megarhyssa jezoensis
ICHNEUMONIDAE（ヒメバチ科・オナガバチ亜科）

		北海
	九州	本州

【体長】20〜30mm【解説】成虫は5〜11月、エノキ・ケヤキ・アカメガシワなどの立ち枯れで見られる。メスは朽ち木内のクロヒラアシキバチなどの幼虫に卵を産みつける。ふ化した幼虫は腐朽木内で寄主を食べて成長する。幼虫で越冬し、翌年の春、朽ち木内でマユを作り蛹化し、羽化・脱出する。成虫の発生期間が秋まで長く続くことから、初夏にふ化した幼虫が急速に成長し、その年に羽化する個体もいるものと思われる。雑木林で見られる。

●左／エノキの立ち枯れに産卵するメスとオス［埼玉県さいたま市秋が瀬公園, 2008.5.6］
●右上・右下／エノキの立ち枯れ内にいた幼虫（上）と頭部正面（下）［さいたま市秋が瀬公園, 2008.2.28］

クワガタムシの幼虫にとって、最凶の天敵

アカスジツチバチ
Scolia fascinata
SCOLIIDAE（ツチバチ科・ナミツチバチ亜科）

【体長】15〜25mm【解説】成虫は6〜10月に現れ、朽ち木のまわりを飛ぶほか、各種の花を訪れる。メスは朽ち木にもぐり込み、クワガタムシ科の幼虫が掘った坑道をたどり、終点にいる幼虫や蛹に毒を注入して麻酔をし、体表に卵を産みつける。ふ化した幼虫はクワガタムシ科の幼虫や蛹を食べて育つ。成熟した幼虫はマユを作り前蛹で越冬し、翌年の初夏に蛹化して羽化・脱出する。メスには毒針があるため要注意。

●左／羽化したオスの成虫［茨城県稲敷市上君山産飼育］●右上／マユ内の前蛹。コクワガタ（p.24）の幼虫の坑道内から見つかった［稲敷市上君山, 2008.2.16］●右下／マユ内のオスの蛹（体長18mm）［稲敷市上君山産飼育］

16 朽ち木のヒミツ。

朽ち木を加工して巣を作るハチ

スズメバチ科（VESPIDAE）のハチは巣を作り社会生活をします。巣の材料は種によって様々ですが、スズメバチ属やクロスズメバチ属のハチは、かみくだいた朽ち木と唾液をまぜて巣を作ります。複数の働きバチがいろいろな朽ち木から材料を集めてくるので、巣には美しい縞模様ができます。朽ち木を観察していると、巣材を集めにきたハチを時々見かけます。

●木の幹に作られたツマグロスズメバチ（*Vespa affinis*）の巣［石垣島ネバル御嶽, 2004.10.29］

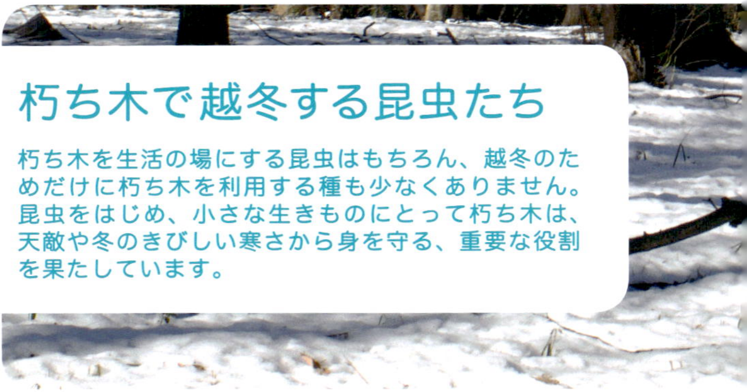

朽ち木で越冬する昆虫たち

朽ち木を生活の場にする昆虫はもちろん、越冬のためだけに朽ち木を利用する種も少なくありません。昆虫をはじめ、小さな生きものにとって朽ち木は、天敵や冬のきびしい寒さから身を守る、重要な役割を果たしています。

■ ヒトツモンイシノミ（イシノミ科）
Pedetontus unimaculatus
［山梨県身延町市之瀬 , 2008.3.22］

■ ヒゲジロハサミムシ（ハサミムシ科）
Anisolabella marginalis
［茨城県稲敷市上君山 , 2008.1.15］

■ コカマキリの卵（カマキリ科）
Statilia maculata
［埼玉県桶川市川田谷 , 2008.1.27］

■ クサギカメムシ（カメムシ科）
Halyomorpha picus
［茨城県常総市豊岡町 , 2008.1.3］

■ ケラ（ケラ科）
Gryllotalpa fossor
［茨城県板東市矢作 , 2004.2.12］

■ エサキモンキツノカメムシ（ツノカメムシ科）
Sastragala esakii
［千葉県野田市宮崎 , 2008.3.26］

■ ヤホシゴミムシ（オサムシ科）
Lebidia octoguttata
［茨城県常総市豊岡町, 2008.1.3］

■ クロナガオサムシ（オサムシ科）
Leptocarabus procerulus
［長野県伊那市伊那部野底, 2008.3.11］

■ キイロスズメバチ（スズメバチ科）
Vespa simillima
［東京都高尾山, 2008.1.10］

■ ウスキホシテントウ（テントウムシ科）
Oenopia hirayamai
［茨城県板東市矢作, 2007.12.26］

■ 左／ヤノナミガタチビタマムシ
（タマムシ科）*Trachys yanoi*
■ 右／トゲハラヒラセクモゾウムシ
（ゾウムシ科）*Metialma cordata*
［埼玉県桶川市川田谷, 2008.1.9］

朽ち木で見られる生きものたち

朽ち木には、昆虫以外にも様々な生きものがくらしています。ここでは目立つ種を紹介しましたが、この他にもダニや微生物など、多種多様な生きものがすんでいます。

● 節足動物 ●

■ トビムシの一種
（トビムシ目）
［東京都八王子市高尾山 , 2008.1.10］

■ マルトビムシの一種
（トビムシ目）
［東京都八王子市高尾山 , 2008.1.10］

■ ハサミコムシの一種
（コムシ目）
［静岡県伊豆市万二郎岳 , 2006.4.26］

■ セスジアカムカデ
（オオムカデ目）
［茨城県常総市豊岡町 , 2008.1.17］

■ イッスンムカデの一種
（イシムカデ目）
［東京都八王子市高尾山 , 2008.1.10］

■ マクラギヤスデ
（オビヤスデ目）
［埼玉県所沢市堀の内 , 2008.1.2］

■ タマヤスデの一種
（タマヤスデ目）
［奄美大島金作原 , 2008.2.5］

■ ヒラタヤスデの一種
（ヒラタヤスデ目）
［山梨県鳴沢村 , 2008.2.5］

■ ヒメヤスデの一種
　（ヒメヤスデ目）
　[東京都八王子市高尾山, 2008.9.10]

■ マダラサソリ
　（サソリ目）
　[石垣島川平, 2005.2.9]

■ ザトウムシの一種
　（ザトウムシ目）
　[西表島古見, 2007.11.29]

■ オカダンゴムシ
　（ワラジムシ目）
　[茨城県稲敷市上君山, 2008.1.15]

● 軟体動物 ●

■ キセルガイの一種
　[茨城県稲敷市上君山, 2008.1.15]

■ ナメクジの一種
　[茨城県稲敷市上君山, 2008.6.15]

● 環形動物 ●

■ ミミズの一種
　[埼玉県飯能市天覧山, 2008.1.15]

● 扁形動物 ●

■ コウガイビルの一種
　[茨城県稲敷市上君山, 2008.4.1]

さくいん

本書で使用する種名を五十音順に配列しました
文中紹介などは、細字で記載しています。

ア	アオカミキリモドキ	58
	アオバナガクチキ	65
	アオハナムグリ	29
	アオハムシダマシ	52
	アカスジツチバチ	81
	アカバデオキノコムシ	20
	アカハナカミキリ	67
	アカハネムシ	63
	アカハバピロオオキノコ	46
	アカモンホソアリモドキ	61
	アトコブゴミムシダマシ	58
	アヤオビハナノミ	59
	アヤモンヒメナガクチキ	64
	イエシロアリ	13, 27
	イッスンムカデの一種	84
	イボヒラタカメムシ	11
	ウスキホシテントウ	83
	ウスモントゲミツギリゾウムシ	69
	ウバタマコメツキ	34, 35
	ウバタマムシ	33
	エグリゴミムシダマシ	55
	エサキモンキツノカメムシ	82
	エゾオナガバチ	80
	エゾベニヒラタムシ	45
	オオアカチビカワムシ	60
	オオイシアブ	74, 75
	オオオバボタル	37
	オオキノコムシ	48
	オオクシヒゲコメツキ	35, 66
	オオクチカクシゾウムシ	71
	オオクチキムシ	52
	オオクワガタ	4, 6
	オオゴキブリ	14
	オオコクヌスト	33, 38
	オオチャイロコメツキダマシ	36
	オオチャイロハナムグリ	17, 28
	オオツヤハダコメツキ	34
	オオナガコメツキ	35
	オオハキリバチ	66
	オオヒラタエンマムシ	19
	オオヒラタハネカクシ	21
	オオルリボシヤンマ	7
	オカダンゴムシ	85

	オカモトツヤアナハネムシ	62, 63
	オキナワホソクシヒゲムシ	31
	オニクワガタ	3
	オピスジタマキノコムシ	22
カ	カオジロヒゲナガゾウムシ	70
	カクホソカタムシ	41
	カクムネコメツキダマシ	36
	カクムネベニボタル	37
	カタボシホナシゴミムシ	18
	カタモンオオキノコ	48
	カネタタキ	7
	カバイロニセハナノミ	64
	カブトムシ	30
	キイロスズメバチ	83
	キセルガイの一種	85
	キノコアカマルエンマムシ	19
	キノコゴミムシ	18
	キノコシバンムシの一種	40
	キノコヒゲナガゾウムシ	70
	キノコヒモミノガ	78
	キマワリ	57
	クサギカメムシ	82
	クシツノアブの一種	75
	クチキコオロギ	10
	クロカナブン	30
	クロクサアリ	79
	クロゴキブリ	14
	クロツツマグソコガネ	27
	クロツヤハネカクシ	21
	クロトゲナシケバエの一種	74, 75
	クロナガオサムシ	83
	クロナガキマワリ	57
	クロナガタマムシ	33, 56, 65
	クロヒラアシキバチ	80
	クロヒラタカメムシ	11
	クロモンキノコハネカクシ	20
	クロモンベニマルハキバガ	76
	クワガタゴミムシダマシ	53
	ケラ	82
	コウガイビルの一種	85
	コカマキリ	7, 82
	コクワガタ	24, 32, 35, 42, 56, 81
	コバネカミキリ	66, 67

コヒゲナガハナノミの一種	5		ノコギリホソカタムシ	51
コブスジツノゴミムシダマシ	**53**	**ハ**	ハサミコムシの一種	84
コマダラコキノコムシ	**50**		**パラルリツツハムシ**	**68**
コヤマトヒゲブトアリヅカムシ	79		ヒゲジロハサミムシ	82
コルリクワガタ	**23,24**		**ヒゲナガヒメヒラタムシ**	**44**
ザトウムシの一種	85		ヒゲブトハナカミキリ	17
サビマダラオオホソカタムシ	**42**		ヒトツモンイシノミ	82
シリグロオオケシキスイ	**43**		**ヒメオビオオキノコ**	**46,47**
シロスジカバマルハキバガ	**77**		**ヒメトラハナムグリ**	**28**
シロヒゲナガゾウムシ	**69**		ヒメヒラタカメムシ	11
セスジアカムカデ	84		ヒメヤスデの一種	85
セスジムシ	17		**ヒラタハナムグリ**	**12,29**
セダカコクヌスト	**38**		ヒラタヤスデの一種	84
セマダラコガネ	74		**ヒラノクロテントウダマシ**	**49**
セマダラナガシンクイ	**40**		**ビロウドホソナガクチキ**	**65,66**
タイショウオビオオキノコ	**18,46,47**		**フトナガニジゴミムシダマシ**	**54**
タイワンクチキゴキブリ	**5,15**		**ベッコウガガンボ**	**73,75**
タカサゴシロアリ	**12**		**ベニヒラタムシ**	**45**
タマムシ	**32,42,66**		**ホシキアブ**	**75**
タマヤスデの一種	84		**ホソカミキリ**	**33,56,65,66**
ツチイロビロウドムシ	**63**		**ホソセスジムシ**	**17**
ツノクロツヤムシ	**26**		ホラアナゴキブリ	15
ツマグロスズメバチ	**81**	**マ**	マクラギヤスデ	84
ツマグロツツシンクイ	**39**		**マダラカマドウマ**	**10**
ツメボソクビナガムシ	**61**		**マダラクワガタ**	**23,59**
ツヤケシヒメホソカタムシ	51		マダラサソリ	85
ツヤツツキノコムシ	**49**		**マダラマルハヒロズコガ**	**77**
ツヤナガヒラタホソカタムシ	**51**		**マツオオキクイゾウムシ**	**72**
ツヤハダクワガタ	3		**マツノシラホシゾウムシ**	**72**
デバヒラタムシ	**23,59**		マツノマダラカミキリ	42
トゲアリ	**79**		**マルガタカクケシキスイ**	**43**
トゲハラヒラセクモゾウムシ	83		マルトビムシ科の一種	84
トビイロケアリ	79		**マンマルコガネ**	**13,27**
トビイロセスジムシ	**17**		**ミツノゴミムシダマシ**	**55**
トビムシの一種	84		ミミズの一種	85
ナガゴマフカミキリ	**68**		**ミヤマオビオオキノコ**	**46,47**
ナカスジカレキゾウムシ	**71**		**ムナビロアカハネムシ**	**62,63**
ナガヒラタムシ	**16**		ムネアカオオアリ	79
ナメクジの一種	85		**ムネアカクシヒゲムシ**	**31**
ネアカクロベニボタル	**37**		**モンキゴミムシダマシ**	**54**
ネブトクワガタ	**13,25**		**モンキナガクチキ**	**50**
ノコギリクワガタ	42		**モンクロアカマルケシキスイ**	**43**
ノコギリヒラタカメムシ	11		**モンサビカッコウムシ**	**39**

	モンシロハネカクシダマシ	60		ユミアシゴミムシダマシ	5
ヤ	ヤエヤマコケムシ	22		ヨツスジハナカミキリ	
	ヤエヤママルバネクワガタ	4, 25		ヨツボシアカマルケシキスイ	4
	ヤツボシツツハムシ	68		ヨナグニヒラタハナムグリ	1
	ヤノナミガタチビタマムシ	83	ル	ルイスツノヒョウタンクワガタ	2
	ヤホシゴミムシ	83		ルイスホソカタムシ	5
	ヤマトゴキブリ	14		ルリゴキブリ	13, 1
	ヤマトシロアリ	12, 24, 29		ルリゴミムシダマシ	33, 56, 6
	ヤマトデオキノコムシ	21		ルリヒラタムシ	4
	ヤマトネスイ	41			

参考文献

福田 彰・黒佐和義・林 長閑, 1954. 鞘翅目. 河田 党ほか, 日本産幼虫図鑑, 392-538. 北隆館.

萩原博光・山本幸憲, 1995. 日本変形菌図鑑. 163pp. 平凡社.

林 匡夫・木元新作・森本 桂, 1984. 原色日本甲虫図鑑 (3). 450pp. 保育社.

林 長閑, 1972. 甲虫の観察と飼育. 71pp. ニューサイエンス社.

林 長閑, 1986. 甲虫の生活. 177pp. 築地書館.

林 長閑ほか, 2005. 甲虫目. 日本産幼虫図鑑. 226-267. 学習研究社.

本郷次雄・上田俊穂, 2006. 新装版 山溪フィールドブックス (7) きのこ. 383pp. 山と溪谷社.

掘 大才, 2002. 図解 樹木の診断と手当て. 171pp. 農山漁村文化協会.

石井 実・大谷 剛・常喜 豊 (編), 1996. 日本動物百科 第8巻 昆虫1. 188pp. 平凡社.

―――, 1997. 日本動物百科 第9巻 昆虫2. 181pp. 平凡社.

―――, 1998. 日本動物百科 第10巻 昆虫3. 187pp. 平凡社.

板当沢ホタル調査団, 2006. 日本産ホタル10種の生態研究. 298pp. 板当沢ホタル調査団.

金子繁・佐橋憲生 (編著), 1998. ブナ林を育む菌類. 229pp. 文一総合出版.

川井信矢・掘 繁久・河原正和・稲垣政志, 2005. 日本産コガネムシ上科図説 (1) 食糞群. 189pp. 昆虫文献六本脚.

黒澤良彦・上野俊一・佐藤正孝, 1985. 原色日本甲虫図鑑 (2). 526pp. 保育社.

黒澤良彦・久松定成・佐々治博之, 1985. 原色日本甲虫図鑑 (3). 514pp. 保育社.

松田 潔, 1997. ベニボタル科の幼虫. 昆虫と自然, 32 (2): 14-18.

―――, 2005. ベニボタルの幼虫形態. 昆虫と自然, 40 (4): 43-47.

丸山宗利 (編著), 2006. 森と水辺の甲虫誌. 326pp. 東海大学出版会.

森本 桂・林 長閑, 1986. 原色日本甲虫図鑑 (1). 450pp. 保育社.

永富 昭・大石久志, 2003. 日本産キアブ, クシツノアブ, クサアブの同定. はなあぶ (15-2): 1-126.

村山茂樹, 2004. 粘菌変形体捕食者としての吸汁性土壌昆虫. 昆虫と自然, 39 (7): 13-16.

日本直翅学会編, 2006. バッタ・コオロギ・キリギリス大図鑑. 687pp. 北海道大学出版会.

大桃定洋・秋山黄洋, 2000. 世界のタマムシ大図鑑. 340pp. むし社.

酒井 香・藤岡昌介, 2005. 日本産コガネムシ上科図説 (2) 食糞群 (1). 173pp. 昆虫文献六本脚.

佐橋憲生, 2004. 菌類の森. 198pp. 東海大学出版会.

柴田叡弌・富樫一巳 (編著), 2006. 樹の中の虫の不思議な生活, 穿孔性昆虫研究への招待. 290pp. 東海大学出版会.

杉浦真治・山崎一夫, 2004. 変形菌子実体をめぐる甲虫類. 昆虫と自然, 39 (7): 17-20.

など。